JN259263

モンスズメバチ *Vespa crabro* **情報不足**

体長 30 mm。日本では北海道から九州まで広く分布。場所により数が多い一方、分布しない地域や減っている地域がある。樹洞など狭い空間に営巣し、夜間も外勤する。きわめて凶暴なので、巣が見つかるとすぐ駆除される。アシナガバチやスズメバチは、一般には害虫のカテゴリーなので、絶滅危惧種となっても別段保護されない。

キシタアツバ *Hypena claripennis* **準絶滅危惧**

開張 30 mm 程度。日本では本州、四国、九州に分布。河川敷などやや湿った環境で見つかるガで、前翅は地味だが後翅は明るい黄色。幼虫はイラクサ科のヤブマオを餌とする。騒ぐほどは珍しくないが、適当に歩いていて出会うほど数多くもない。チョウに比べ種数の多いガには、絶滅の危機にある種が潜在的に多いと予想される。

キカイホラアナゴキブリ *Nocticola uenoi kikaiensis* **情報不足**

体長 4.0–4.5 mm。鹿児島県の喜界島の洞窟内からのみ見つかっている微少なゴキブリ。複眼はほぼ退化し、体色の抜けたガラス細工のような体をしている。観光開発による洞窟内の環境悪化に加え、洞窟自体の崩落により生息を認めがたくなっている。洞窟に住むゴキブリには、人間の活動により生息を脅かされているとみられる種がいくつか知られる。

スナヨコバイ *Psammotettix kurilensis* **準絶滅危惧**

体長 3.3–4.0 mm。日本では北海道と本州北部に分布。翅に砂のようなまだら模様がある。海岸の砂浜に限って住み、同じ環境に生える植物・コウボウムギの汁を吸って生きている。生息地ではけっして少なくない。同じ環境によく似た別種がおり、しばしば両者は混同して文献上に紹介され、ややこしい（本文参照）。

シオアメンボ *Asclepios shiranui* 絶滅危惧Ⅱ類
体長 3.4-4.0 mm。頭部などに黄色い紋がある他は全身が銀色。塩田、波静かな内湾の入江に住む海のアメンボ。日本では本州西部と九州北部に分布したが、海洋汚染により多くの場所で死に絶えた。こうした海産アメンボは、油膜系の汚染にはからきし弱いと考えられる。

ツノアカヤマアリ *Formica fukaii* 情報不足
体長 4-6 mm。日本では北海道から本州西部にかけて分布。腹部が黒い以外は全身赤い。頭部はハート型に近い。明るい草原に、大きな塚を形成して生活する。全国的に分布が衰退しているが、はっきりした原因は不明。また、外来種ヒアリと間違われて駆除される可能性が高い。

ホテイウミハネカクシ（幼虫）*Liparocephalus litoralis* **情報不足**

体長 4-6 mm。日本では北海道にのみ分布。成虫は全身黒く、腹部が布袋様のように大きく膨らんでいる。海岸の岩浜に住み、満潮時に水没するエリアにだけ見られる。肉食性で、写真の個体は線虫のような生物を捕食している。もともと生息地が少ないうえ、それらは護岸工事によって環境が変わりつつある。

ドウシグモ *Asceua japonica* **情報不足**

体長 3.0-4.0 mm。日本では本州、四国、九州のほか南西諸島に分布するとされる。樹上性。神社の屋敷林でたまに見つかる以外の生態が不明で、発見至難なこともありクモ学者さえこれまで研究してこなかった。最近、巧妙な戦法を用いて樹上でアリを専門に捕食していることが明らかとなった。

アマミナガゴミムシ *Pterostichus plesiomorphs* **絶滅危惧ＩＢ類**

体長 17-19 mm。奄美大島の固有種。奥深い山林に生息するが、その生息範囲は非常に狭い。人間の放ったマングースの食害を受けている可能性があるほか、虫マニアの乱獲により絶滅に瀕するとされる。そのため、島の条例で採集禁止となったが、一方で生息地の森林伐採や採石工事は止まっていない。

イツキメナシナミハグモ *Cybaeus itsukiensis* **絶滅危惧Ｉ類**

体長 3.6-4.3 mm。九州に分布する日本固有種。熊本県の川辺川沿いに開口する、ただ一カ所の洞窟の深部にのみ生息。眼はなく、体色が薄い。ダム建設にともない、生息地の洞窟が水没して絶滅する恐れがあった。この洞窟は関係省庁の許可なしには入れず、また行くのも入るのも非常に危険な場所ゆえ、洞内でこのクモの生きた姿が撮影されたことはほぼない。

エサキクチキゴキブリ *Salganea esakii* **該当なし**

体長 26.5〜28.0 mm。九州、南西諸島に分布。森林に住む大型ゴキブリ。朽ち木内に食い入り、雌雄ペアで生活する。かつて数少ないと見なされ、環境省レッドリストに 2007 年版まで掲載されていた（情報不足カテゴリー）。その後、新たな生息地がいくつも見つかり、個体数も多いことが分かったため、現在環境省レッドリストから除外されている。

ゴマベニシタヒトリ *Rhyparia purpurata* **準絶滅危惧**

開長 41-46 mm。日本では本州中部にのみ分布。前翅は黄色で、薄い灰色の斑が散る。後翅は鮮やかな赤で、黒い星が散る。明るく開けた草原にしか住まないガで、成虫は盛夏前のきわめて短期間だけ出現する。草原地帯の開発、あるいは逆に放置による森林化が進み、生息環境が劣悪化している。増えすぎたシカによる草の食い尽くしも脅威。

ゴミアシナガサシガメ *Myiophanes tipulina* **絶滅危惧Ⅱ類**

体長 17 mm。日本では本州から九州にかけて分布。カマキリとアメンボを合体させたような姿のカメムシで、捕食性。毛むくじゃらの脚には、たいてい小さなゴミが大量に絡まっている。古い民家の物置や床下に住み、かつては珍しくなかったらしい。現在は数年に一匹しか見つからないほど数が減り、カメムシ学者でさえ生きた個体を見た者はほとんどいない。

ノサップマルハナバチ *Bombus florilegus* **準絶滅危惧**

体長 15-20 mm 程度。北海道の道東の端っこにのみ分布する日本固有種で、黒と淡い黄色の毛に覆われた愛らしいハチ。海沿いの原生花園に生息し、各種の花を訪れる。年間の活動期間は短い。元々分布域が狭いのに加え、農作物の受粉用に人間が持ち込み野生化した外来マルハナバチに生息地や餌を奪われており、今後の存続がきわめて危うい。

※カテゴリーは最新の環境省レッドリストに準拠した。

ハガマルヒメドロムシ *Optioservus hagai* 絶滅危惧ⅠB類

体長 2.2-2.5 mm。本州西部と九州北部の、筆舌に尽くしがたいほど狭い範囲にのみ分布する貴重な種。金属的な黒緑の地に、赤い紋が美しい水生昆虫。裏山の細流に生息し、川底の石下に隠れている。生息環境はすぐ河川改修されやすく、ただでさえ狭い分布域がさらに縮小中。あまりにも微少で一般人が見ても面白くないので、希少さの割に一切保護されない。

ヨツボシカミキリ *Stenygrinum quadrinotatum* 絶滅危惧ⅠB類

体長 8-14 mm。日本では北海道から南西諸島にかけて分布。幼虫は各種広葉樹に食い入り、成虫は夏にクリの花に好んで集まる。1960-1970 年代まで、人里近くにいくらでもいたらしい。その後全国同時多発的に、かき消すように消え、現在国内で確実に見られる場所はないに等しい。いなくなった原因がはっきりわかっていない。

ちくま新書

# 絶滅危惧の地味な虫たち

——失われる自然を求めて

小松 貴
Komatsu Takashi

1317

# 絶滅危惧の地味な虫たち——失われる自然を求めて【目次】

# はじめに

　南北に長い日本は、狭い国土ながらも北は亜寒帯、南は亜熱帯まで多様な気候帯を有している。そして、そのそれぞれの環境に生息すべく、遥かなる年月をかけて進化してきた八百万《やおよろず》の生物たちが息づいている。昆虫などはその最たるもので、名前がついているものだけでも三万種近く、推定上は一〇万種にのぼるとされている。三節の体（本当はもっと細かく分かれているので、この表現は正しくはない）に二本の触角、六本の脚と四枚の翅を渡されて、色や形の違うものを一〇万パターン作れと言われて成せる人間がいるだろうか。創造主など信じてはいないが、それでもそれらすべてを自然界の作り出した芸術品と呼んだところで、責める者もおるまい。

　しかし、近代における我々人間の経済活動の結果、この国に生息する八百万の生物たちは多くが住みかを追われ、滅びへの道を歩み始めている。いや、すでにいくつかは滅びてしまった。戦後復興から高度経済成長期にかけて、豊かさをひたすら追い求め続けた人々は、その代償としてそれまで身近にあった原風景、さらにそれに寄り添って生きてきた多くの生物たちを闇へと葬り去っていった。特に、人と自然が調和を保ちながら維持され続けてきた「里山」は、宅地開発によって、あるいは農村の過疎化に端を発する土地の荒廃によって、生き物たちの住みにくい場所に変わっていってしまった。なりふり構わず経済活動を突き進めた果てに公害病の発生など、人間の生活基盤そのものを揺るがす状況さえも引き起こす結果となったのは周知の通りだ。

こうした過去への反省から、国は環境保全や野生生物の保護・保全を重要視する方針を打ち出していく。生物の多様性を保つことが、結果として我々人間自身の生活を豊かにすることへ繫がる、という考え方（生態系サービス）が浸透してきたためだろう。国としてのその努力は、一九九二年の生物多様性条約締結、一九九三年の生物多様性国家戦略策定などに見て取れる。レッドリストの作成も、この努力の範疇に入るだろう。

環境庁（現・環境省）は、一九八六年から国内に分布する絶滅が危ぶまれる生物種の現状を把握する調査を行いリスト化（レッドリスト）し、一九九一年に財団法人自然環境研究センターから「日本の絶滅のおそれのある野生生物」（通称『レッドデータブック』）を発行した。これは、絶滅危惧種の保護対策、開発を行う際の環境アセスメントへの活用、一般市民への周知・啓発を目的になされたものである。レッドリスト作成に当たっては、各生物分類群の専門家が複数集まって情報を交換しつつ種の選定を行い、その内容は数年おきに改定されている。昆虫の場合、一九九一年に最初に発行されて以後、二〇〇〇年、二〇〇七年、二〇一二年の三回にわたり改定が行われてきた。改定のたびに掲載種数は増大しており、昆虫に関しては最新の二〇一二年度時点で八六八種にものぼる（ただし分類体系の変更により、これまで一種と思われていたものが複数種に分けられる等の場合もあり、掲載種が増えたことが単純に絶滅危惧種の増加とは言えない面がある）。近年では、国のレッドリストに習い各都道府県レベルでもレッドリストが作成されるようになっている。そうしたレッドリストの情報に基づいて、国や自治体が多くの希少生物の保護活動を進めており、非常に喜ばしいことに思う。

しかし一方で、こうした希少生物の保護活動には、数々の問題も指摘されている。その一つが、外見が優美で体の大きな生物ばかりが優先的に保護されていることだ。昆虫で言えば、各地自治体などで「大切に守りましょう」といっておんぶに抱っこで保全・保護活動がなされがちなものは、綺麗なチョウやトンボ、ホタルや大型の甲虫などばかり。現在環境省のレッドリストに掲載されている昆虫八六八種のうち、チョウとトンボと大型甲虫（カブトムシ・クワガタムシなど）を合わせた数は、せいぜい一六〇—一七〇種ほどにしかならないのにだ。

残りの七〇〇種近くは一体何かと言えば、見るからにどうでもいいような風貌のハエやカ、ハチにアリ、カメムシ、ハナクソサイズの甲虫といった、小さくてとにかく地味な虫によって占められている。これら地味な虫の中には、下手なチョウやトンボに比べれば遥かに絶滅の危険性が切迫した種も少なくない。現在、まだ存在しているかどうかも定かではないほどにまで減ってしまったものもざらにいる。だが、そうした虫が注目され、適切に保護されるような展開はあまり期待できない。

大きくて目立つ象徴的な希少種を保護・保全することが、一般の人々に対して希少動物に関心を持ってもらうきっかけとなる側面というのは、確かにある。そうした象徴的な希少種の保護活動を入り口として、それまで生き物に興味関心のなかった一般市民が身近な環境の保全に加担していくことが期待されるからだ。

また、「アンブレラ種」という考え方もある。クマや猛禽など、大型でなおかつ生態系の上位にいる生物が生きていくには、それらの餌となるたくさんの動植物が生息していることが大事だ。つまり、ひとまず大きくて目立つ希少種が不自由なく生息できる環境づくりを目指せば、結果としてそこに住むその他の目立たない多くの希少種も保護される、ということである。しかし、こうしたやり方や考え方も、度が過ぎれば危険だ。ある特定種の生物のために人間があつらえた環境が、必ずしも他の生物にとっても最適な環境とは限らないからだ。

今から二〇年ほど前、私が足しげく通っていた関東のとある緑地公園では、長らく園内の樹木が伐採されず鬱蒼としていた。林の中はいつも湿っており、都市近郊にもかかわらず多彩なキノコや粘菌がはびこり、それを餌とするカラフルな甲虫の類も多かった。しかしその後、公園の管理方針が変わり、「多くの綺麗なチョウや鳥が暮らしやすいよう、樹木を間伐しましょう」ということで、園内の林の枝打ちが始まった。そこまではよかったが、園内すべての樹木を徹底的に枝打ちしたせいで、林内は全体が明るくなりすぎて地表が乾燥しきってしまった。

間伐後、確かにチョウや鳥は林内で多く見かけるようにはなった。しかしその代償に、かつて梅雨時に林床からあれだけ多く顔を出していたヒトヨタケも粘菌も、二度と見かけなくなった。こういう「大の虫を生かして小の虫を殺す」ような事例は、各地で起きているはずだ。個々の種には、それぞれ最適な生息条件があって当然なのに、今の日本にはそんな個々の種の生き死にまで考える余裕がなくなってしまったのだろう。

もちろん、レッドリストに載せられたからといって、ハナクソサイズの虫全種までトキやコウノトリ同様に国を挙げて保護しろなどとは思わないし、そもそも現実的ではない。しかしそれでも、リストの上では同等に並べられているはずの絶滅危惧種の中で、たかが人間ごときの色眼鏡で「人間にとって」綺麗なもの、「人間にとって」心地よいものだけが選び出され、それらばかり大事にして「自然保護」などと謳う世間の様を、私は幼い頃から解せなかったし気に入らなかったし、見ていて胃袋が逆さまになりそうな思いだった。

私にはかねてから夢があって、環境省レッドデータブックに載せられた虫のうち、綺麗でも大きくもない、見るからにどうでもいい風貌の種だけの「生きている姿」の写真を極力全種載せた、一般向けの図鑑のようなものを作れないものかと思案していた。というのも、現在環境省が出している昆虫版（その他の無脊椎動物版も）レッドデータブックの作りが、あまりにも内輪向けに過ぎるさまを呈しているからだ。

レッドデータブック刊行目的の一つとして、一般市民への普及・啓発というのが威風堂々と掲げられている。ところが、いざ紐解いてみれば、内容はどうだ。本の大半は文字ばかりで、実物の生き物の写真が載っているページが冒頭の二、三ページしかない。しかも、そこに載っているものの大半は、チョウやトンボや大型甲虫。今日び、その辺の本屋や図書館で図鑑を見れば載っているような虫ばかり。

一方で、その筋の専門家しか存在を知らないような虫の解説「だけ」はたくさん載っているが、それらの実物写真はろくすっぽ載せていないのだ。ヨナクニウォレスブユだのヒメケヅメカだのカダメクラチビゴミムシだの、インターネットで画像検索したって一件も画像が出てこない。そういうものこそ、優先的に（個体の生死は問わず）現物写真を載せることが、本来のレッドデータブックのあるべき姿ではないのだろうか。恐らく、日本国民の九割方はヒメケヅメカがどんな生き物で、どれほど危機的な状況にあるかなど知るはずもない。正体も分からない亡霊を「希少です、守りましょう」と言われて、はい、そうしましょうと納得する人間が、この国にどれだけいるだろうか。

私はこれまで、自分の研究対象であるアリの巣に住む共生生物を調査するため（あるいは、単なる個人的な趣味で）、日本各地の様々な場所へ赴いてきた。その道すがら、様々な種の「絶滅危惧の地味な虫」を観察・発見する機会に恵まれた。本書では、そんな絶滅危惧の虫の中でも殊更に世間で話題にのぼらない種を取り上げ、彼らの置かれている現状、そして何より彼らへの惜しみない「愛」を語りたいと思う。

［追記］本書では、これまで環境省の作成したレッドリストに掲載されたことのある陸上節足動物（昆虫、クモガタ類、多足類、一部の甲殻類）のうち、チョウ、トンボ、大型甲虫類を除いたもののいくつかを紹介した。原則、「有名かつ、誰が見ても体が著しく大きいと思うような虫」はあまり取り上げなかった。掲載種は原則として、著者がこれまで実際にフィールドで探し、出会い、観察することができた種に限る。これは、大半の種が私の専門の研究対象ではないため、実際に見てもいないものを、さも見てきたかのように書くのはよくないと判

断したからだ。

本書でいう「大きな虫」の定義付けに関しては、かなり悩んだ。例えば甲虫の場合、ヤンバルテナガコガネやクワガタ類など、大型である上に知名度の高い分類群は問答無用で除外した（クワガタ類にもかなりの小型種はいるが、クワガタの愛好家は潜在的に多いと考えられ、また専門書も大量に出回っているので、本書で改めて紹介する意義を感じない）。しかし、カミキリムシやゲンゴロウ、ゴミムシの仲間など、虫マニアの間では有名かつ熱烈なファンをもつ一方、世間一般ではさほど話題にもされない分類群が、甲虫には多い。そして、それらの中には比較的体サイズの大きなものも少なくない。こうした、「マニア」と「一般人」との間で認知度に大きな乖離のある分類群に関しては、著者の独断と偏見で種を選定した面が強いことをここに強調しておきたい。「より小さく、より目立たなく、より知られていないものを前面に」が、本書の根底に横たわる理念である。

本書では、「身近な環境に、いかに多くの絶滅危惧種が存在するか」を訴える意味から、日本本土に分布する種を主として扱ったが、近年ダム建設などで急速に環境が悪化している南西諸島の種も一部扱った。ただし、小笠原諸島に関しては、触れないことにした。これは、著者自身がほとんど現地を訪れた経験を持たず何も語れないこと、加えて現在世界遺産となった小笠原諸島では、私ごときが語るまでもなく官民一体となって精力的な保護・保全活動がなされていることによる。小笠原諸島にも、危機的状況にある地味な絶滅危惧昆虫が多数種存在するが、地域自体が厳重に保護管理されているため、ひとまずは主要なフラグシップ種の保全活動に便乗する形でそれらが生き残ってくれることを期待したい。

環境省は、数年置きにレッドリストを改定しており、そのたびに新たな種がリストアップされたり、逆にリストから外される種もいる。本書ではそれにかかわらず、「一度でも環境省レッドリストにリストアップされたもの」を対象とした。種がレッドリストから外される理由として、詳しい調査研究の結果実際には普通種であることが分かったから、というのがある。しかしそのほかに、あまりにも記録が散発的で少なすぎて、絶滅危険度の評価ができないため外す場合もあるのだ。その場合、後の調査でやはり絶滅の危険度が高いと判断され、再びリストアップされる可能性も否定できない。そうした事情を加味しつつ、本書では「下ろされた理由」は問わずに最新版のリストから外れている種も、あえて載せることにした。

環境省の最新版レッドリストにおいて、真に「絶滅危惧種」と呼ぶべき種は絶滅危惧Ⅱ類以上のランクに属するものとされ、情報不足および準絶滅危惧カテゴリーの種を本来絶滅危惧種とは呼ばない。しかし、そうした低ランクの種こそ今後の動向を注視し、情報を収集すべきという私の考えにより、本書ではあえてレッドリスト掲載種すべてを絶滅危惧種と呼称している。

環境省レッドリストにおけるカテゴリー区分（環境省　二〇一七）

**絶滅（EX）**　我が国ではすでに絶滅したと考えられる種

**野生絶滅（EW）**　飼育・栽培下、あるいは自然分布域の明らかに外側で野生化した状態でのみ存続している種

**絶滅危惧ⅠA類（CR）**　ごく近い将来における野生での絶滅の危険性が極めて高いもの

**絶滅危惧ⅠB類（EN）**　ⅠA類ほどではないが、近い将来における野生での絶滅の危険性が高いもの

**絶滅危惧Ⅱ類（VU）**　絶滅の危険が増大している種

**準絶滅危惧（NT）**　現時点での絶滅危険度は小さいが、生息条件の変化によっては「絶滅危惧」に移行する可能性のある種

**情報不足（DD）**　評価するだけの情報が不足している種

**絶滅のおそれのある地域個体群（LP）**　地域的に孤立している個体群で、絶滅のおそれが高いもの

＊クモ、多足類など昆虫以外の無脊椎動物では、絶滅危惧種ⅠAとⅠBを区別せず、単に絶滅危惧Ⅰ類とする。

# 1 コウチュウ目

甲虫は、いわゆるカブトムシやクワガタ、テントウムシなど、硬い外骨格を身にまとった昆虫の仲間である。昆虫に詳しくない人に甲虫のことを説明する際、このように言うと理解してもらいやすい。しかし、コウチュウ目というのは昆虫の中でもすさまじく種数の多い分類群であり、有名なカブトクワガタの類はあくまでその一構成要員に過ぎない。また、甲虫の仲間全体を見渡すと、大半が一センチメートル以下のごく小さなもので占められており、カブトクワガタのような三―四センチメートル以上になるものはむしろ少数派だ。

本章で取り上げる甲虫たちも、多くはたかだか数ミリメートルサイズのものばかりである。主に湿地などの地面、水中に住む種を中心に、近年個体数を減らしたものが目立つ。

めくらでチビでゴミ。メクラチビゴミムシと呼ばれる、複眼の退化した甲虫の一員がいる。名前だけを聞いたら、ただの悪口にしか聞こえない。その名前のインパクトから、しばしばインターネット上で「ひどい名前の生き物」として茶化して紹介されることが多い。学術的な内容ではない紹介記事サイトでは、ほぼ茶化すだけである。そして、その記事に対して「こんなひどい名前をつけて、学者は虫に恨みでもあるのか」という閲覧者のコメントがつけられるのがお約束となっている。

念のために最初に断わっておくと、もともと甲虫の仲間にゴミムシという分類群（オサムシ科）がいる。一口にゴミムシと言っても、その中には沢山の小さな分類群に分かれていて、そのうちの一つにチビゴミムシ亜科と呼ばれる分類群がある。体長わずか数ミリメートル程度しかない小型種で構成される仲間である。そして、このチビゴミムシ亜科に含まれる種の中には、地下や洞窟など暗黒の環境下にのみ住むものが非常に多く知られている。それらは一様に複眼が縮小・退化しているため、メクラチビゴミムシと呼ばれている。生物の和名というのは、あくまでも原則ではあるが、分類的な位置づけを考慮したうえで形容詞をミルフィーユ状に重ねてつけられる。間違っても、学者がこの虫を発見した時に、いきなり「よし、なんか今すげー腹立ってる気分だからこいつの名はメクラチビゴミムシにでもしてやろう」などと思いつきで名づけたのではないことは、重々理解していただきたい。それにしても、まあひどい名前ではある。

メクラチビゴミムシの仲間は、上記の通り地下に生息している。かつて、この仲間の昆虫は洞窟の中にしかいないと思われていたが、実際はその限りではない。地中には、砂利や砂礫の間隙が思いのほかたくさんあり、体の小さなメクラチビゴミムシにとっては、人の入れる大きさの洞窟も砂礫の隙間も大差ないわけである。そんなわけで、彼らは地中の隙間に挟まって生活しているわけだが、地中で間隙があればどこにでも住めるわけではない。彼らは乾燥にとても弱いため、地下を流れる水脈の周辺だけで生きている。

日本列島の地下には無数の水脈が通っており、幾度もの地殻変動により少しずつ細切れに隔離・分断されてきた。あるいは、一つながりの水脈上であっても地下空隙の発達しない地層などにより、移動を阻まれる場合もあっただろう。それに伴い、メクラチビゴミムシの個体群も地理的に分断されることになり、結果として地域ごとにメクラチビゴミムシの種が細かく分かれていくことになった。現在、日本国内におけるメクラチビゴミムシの種数は、わかっているだけでも四〇〇種弱。しかも、毎年のように新種が見つかっており、最終的な種数はいまだはっきりしない。

津久見鉱山

メクラチビゴミムシは、この狭い日本国内においてめざましく多くの種に分かれたが、原則として彼らは同じ地域内に複数種が共存しない（系統的に近い間柄の種同士ほど、その傾向が強い）。つまり、各々の種の分布範囲は、非常に狭いのが普通だ。だから、ある地域を大々的に開発してしまうと、簡単に絶滅してしまう。一番の脅威は、地下水脈の枯渇である。大きな道路の建設、鉱山開発の影響で地下水脈が突然枯れてしまうと、それに依存していた地下性の小さな生物は根こそぎ絶滅する。

九州・大分県の大分市から佐伯市にかけての一帯には、非常に狭い地域内に多数種の近縁なメクラチビゴミムシが、共存せず住み分けて分布する。メクラチビゴミムシの種分化を研究するにはうってつけの「自然の実験室」と言っても過言ではないのだが、一方でこの地域は古くから石灰岩採掘が盛んであった。鉱業により栄えてきた地域なのである。

**ウスケメクラチビゴミムシ** *Rakantrechus mirabilis*（絶滅危惧ⅠB類）は、津久見《つくみ》市の海沿いにかつて存在した「徳浦の穴」という小さな洞穴で最初に見つかり、新種記載された。

しかし、まもなくその洞窟は石灰岩の採掘工事に伴い、跡形もなく消滅した。加えて、周辺地域も大規模に宅地化されていった。もはやこの昆虫は絶滅したに違いないと、この虫のことを知る研究者の多くは（と言っても、おそらく数人だろう）考えていた。ところが、二〇〇〇年の初頭に事件が起きた。かつての生息地から離れたとある山中で、あの絶滅したはずのウスケメクラチビゴミムシが再発見されたのである。もちろん、そんな話が新聞の一面を飾ったという話は聞かない。絶滅魚クニマスが近年再発見されたのと同等には、学術的意義のある発見のはずだったのだが。虫が再発見された場所は、何の変哲もないただの道沿いの斜面であった。

私はこの虫の生きた姿をどうしても見たくて、かつて地元で昆虫を調査している方に産地を案内していただいたことがあった。土砂降りの雨が降る中、足場の悪い斜面に張りつき、ピッケルで土砂をひたすら掘った。一時間くらい不休で掘り続け、深さ一メートルほど掘り下げたとき、砂礫の隙間から一匹の真っ赤な甲虫がポロッと出てきた。これが、ウスケメクラチビゴミムシとの最初の出会いだった。その虫を大切に家に持ち帰り、プラスチックの容器内をめまぐるしいスピードで走る様を、食い入るようにずっと見つめ続けた。

ウスケといいながら、体表は全体的に細かい毛で覆われ、メクラチビゴミムシ類としては明らかに毛深い部類に入る。体型は細身でくびれており、狭い地下空隙を軽やかにすり抜けられるようになっている。そしてもちろん、複眼はまったくない。必要ないものを徹底的に捨てた、その形態の美しさを前に、言葉も出なかった。

採集した個体を観察していたとき、ある異変に気づいた。虫の背中に、明らかに虫本来の体毛とは異なる、奇妙な物体が突き出ていたのだ。これは、ラブルベニアというカビである。ラブルベニアは生きた昆虫の体表にのみ寄生する、人間でいう水虫菌のようなものだ。甲虫やハエを中心として各種昆虫の体表につくが、この菌には非常に多くの種がおり、それぞれが厳密に特定種の昆虫にだけつくことが知られる。

ウスケメクラチビゴミムシ

ウスケメクラチビゴミムシにラブルベニアが生えるなど聞いたこともないが、おそらくこの虫にしか絶対に生えないカビなのだろう。だから、この虫が絶滅したら、きっとこのカビも絶滅する。どんなに地上世界から隔絶された環境に住む、取るに足らないゴミのような虫であっても、決してひとりで生きているのではない。わずか数ミリの甲虫と、その背中に生えた〇コンマ数ミリメートルのカビに諭された気がした。

ちなみにこのウスケメクラチビゴミムシ、「ただでさえめくらでチビなのに、あまつさえ薄毛なんてひどすぎるだろう」と、最初にその名を聞く者は十中八九言う。しかし、その学名種小名 *mirabilis* はラテン語で「素晴らしい、驚嘆すべき」の意であることは記しておきたい。

## †地下に眠る紅き宝石

地下性昆虫であるメクラチビゴミムシの仲間に共通した特徴として、体色の薄さがある。光の差さない場所にこもって生きているから、有害な紫外線を浴びることもない。また、肩の部分が張っていない種が多いが、これは飛ぶ必要がなくなったために翅を動かす筋肉が退化してしまっているからだ。その中で、九州北部に分布する**ナカオメクラチビゴミムシ** *Trechiama nakaoi*（絶滅危惧ⅠB類）は変わり者である。

この仲間としては比較的地下浅いところに住む本種は、近縁のメクラチビゴミムシに比べて異様に体色が黒っぽい。体表はなぜか虹色の光沢をたたえているのも手伝い、まるでガーネットを削り出してこしらえたような美しい姿だ。肩の部分も比較的張り出した体型で、頑張れば羽ばたいて飛べそうな雰囲気に見える（おそらく後翅が小さくなっていて、物理的に飛べないと思うが）。そうかと思えば、複眼は完全に退化している。近い仲間で、もっと体色が薄くてなで肩なのに複眼がまだ完全に退化していない種がいくつもいる様を見ると、ナカオの木に竹を接いだような雰囲気は面白い。

福岡県の北九州・小倉《こくら》から門司《もじ》にかけては、複数の山からなる大きな山塊がどっしりと構えて海沿いの市街地を見下ろす。ナカオメクラチビゴミムシは、地球上でこの山塊のとある沢筋でしか見つかっていない。

しかし、近年その沢の上流に砂防ダムが建設されたために沢の水は枯れ、この虫の生息も確認できなくなってしまったという。同じ山塊の別の沢で探せば、まだ生息している場所が見つかるのではないか。そう思った私は、最初の産地だった山とは別の山の沢の一つを登り、この虫を探しに行った。沢の源流近くまで登りつめ、水際の地面に深くはまり込んだ岩を一つずつ丁寧に裏返して探していく。地下性のメクラチビゴミムシを見つけるには、本来ならば沢の源流で地面を地下水面まで数十センチメートルも垂直に掘らねばならない。しかし、ナカオは近縁種に比べて非常に浅い地下に住むため、地面を掘らなくても発見が可能だ。

同じ場所に二日通って半日ほど石起こしを繰り返し、足腰が痛くなってきた頃ようやく一匹だけ発見することができた。目が見えていないにもかかわらず、動きはとても素早い。一瞬目を放した隙に、すぐ土砂の隙間に隠れて逃げてしまう。私がこの虫を見つけた山沢は、最初の産地からは比較的距離のある地点にある。恐らく、この山塊の広域にわたり分布しているものと思われるが、実際にすべての沢を見て調べないことには、その全貌はつかめないだろう。

ナカオメクラチビゴミムシは、環境省のレッドリストでは絶滅危惧ⅠB類という、非常に絶滅危険度の高い種に選定されている。かの有名なイリオモテヤマネコが、これよりたった一段階高い絶滅危惧ⅠA類であるのを考えると、どれほど学術的に貴重な生物であるかがうかがい知れる（単純にムシと哺乳動物の希少性を比較することはナンセンスではあるが……）。

ナカオメクラチビゴミムシ

しかし、ナカオが住む山塊を取り巻く小倉・門司市街に住む市民の中で、ナカオメクラチビゴミムシなどという虫の名前を一度でも聞いたことのある人が、一体何人いるのだろうか。私は今までこの地域でたびたび昆虫に関する市民向けの講演会を行い、その中で必ずこの虫の話をしてきた。しかし、生粋の昆虫マニアならともかく、ナカオメクラチビゴミムシの名を知る一般市民には、会ったためしがない。これはひとえに、興味を持つ市民が少ないというよりも、研究者・専門家側の一般への普及努力の足りなさのせいであろう。

ちなみに、私は個人的に「メクラチビゴミムシ」という、一見不謹慎に思える名に関して、特に問題を感じていない。その名のついた経緯が分かっているからだ。しかし、放送禁止用語が連続した名前ゆえ、テレビやラジオといったメディアで話題に出すのが憚られることも、この魅力あふれる一方滅びゆく生物がなかなか一般に認知されていかない理由の一つのように思う。この三〇年近くというもの、私はテレビで放送される動物・自然番組は片っ端からチェックしている。しかしそれでも、メクラチビゴミムシが登場する番組を見た覚えは、一度たりともないのである。

## †豊かさの足下で

人間の言う動物愛護という言葉は、あくまでも人間の立場からの言葉である。だから、人間の目から見て容姿が美麗でない生物、極端に小さくてとるに足らない生物、人間が標準的な生活を行う限りは視界に入らない場所にいる生物の保護・保全は、ほぼ必ず後手に回る。まして、それを保護するには人間の生活と天秤にかけねばならない、ともなれば、時に「レッドリストには載っているが甘んじて滅ぼされる生き物がいる」状況がまかり通る。

徳島県東部の山中に、かつて「龍の窟」と呼ばれる石灰岩洞窟があった。この洞窟の中には、およそ五〇種を超える多種多様な小動物が生息していたとされ、その多くがこの洞窟でしか見つかっていないものであった。リュウノメクラチビゴミムシ *Awatrechus hygrobius*（絶滅危惧ⅠB類）もその一つである。一九五〇年代に、この洞窟で最初に見つかった個体に基づいて新種記載された。

徳島県東部の山林には、他にもいくつかの洞窟が距離をおいて点在し、それぞれの場所に別々の種のメクラチビゴミムシをはじめ、そこ特有の小動物が生息している。それらの中には、同所的に近縁な生物種が複数種共存するという、地下性生物としては変則的な例も認められており、生物の種分化を研究する上で非常に重要なフィールドといえる。また、リュウノメクラチビゴミムシは他の洞窟に住む同属の近縁種とは、形態的にかなり異なる風貌を呈しており、直近の仲間と呼べそうなものが他にいないことから、学術的に大変貴重な種と見なされている。

しかし、石灰岩地質の土地というのは、すぐに採掘される宿命を負っている。何しろ、石灰岩は日本で唯一自給可能な鉱物資源なのだ（といっても、ただ一方的にその場で採れなくなるまで掘り尽すだけだが）。高度経済成長期以後、多彩な用途に使える石灰の需要が高まり、日本各地で石灰岩地質の山々が切り開かれ、破壊された。例えば、大分県の津久見市周辺で、先述のとおりウスケメクラチビゴミムシが鉱山開発の結果滅びかけたほか、近接して分布していた別種コゾノメクラチビゴミムシ *Rakantrechus elegans* が既に滅びた

（もしかしたら、どこかの山沢の地下にまだわずかに生きているのではないかと、私は信じている）。

四国も石灰岩地質の場所が多いゆえに、似たような状況が各地で起きた。先述の「龍の窟」もその一つで、一九七〇年代に洞窟を有する山体を大きく削る採掘工事が始まり、この洞窟は完全に破壊・消滅してしまった。当然、その洞窟内にいた多様な小動物たちも、跡形もなく蹂躙されて死に絶えた。その中でリュウノメクラチビゴミムシに関しては、当時「龍の窟」跡地の至近にあった別の小さな洞窟にいるのが確認され、絶滅してはいないことが示された。ところが、あろうことかこの洞窟さえもまもなく採掘で破壊されてしまった。それにより再び存続不明になってしまったこの虫だが、二〇〇〇年代初頭になって、採掘現場から少し離れた川の源流域の地下数十センチメートルにある、砂礫の隙間にまだ生き残っているのが発見され、かろうじてまだ滅びていないことが分かった。

その希少な虫の姿を一目見たくて、ある時私はその現場に足を運んでみた。当時住んでいた九州の自宅から片道数時間かけて電車とバスをいくつも乗り継ぎ、さらに延々と徒歩で山奥に入り、急峻な山沢を登りつめたその先に大規模な崩落地がある。そこで三時間近くかけて地下を掘り、深さ四〇センチメートルくらいのところからやっと二匹見つけ出した。ルビーのように赤く輝く美しい姿で、上翅は磨いたようにツヤがある。この場所からは他にも盲目のワラジムシのほか、後述のようにリュウノメクラチビゴミムシ同様「龍の窟」に生息していた絶滅危惧種、リュウオビヤスデも再発見できた（二九四頁参照）。

現在リュウノメクラチビゴミムシは、環境省レッドリストでは絶滅危惧IB類という、非常に危機的な状況にある種ということになっている。ランクだけ見れば、沖縄に住む超大型の希少昆虫ヤンバルテナガコガネとまったく変わらない。しかし、実質的にこの虫は何も保護されていない。たまたま現在の生息域が、採掘現場から離れているおかげで安泰なだけのことだ。

リュウノメクラチビゴミムシ

こういう状況に対して、「なんと石灰岩採掘の悪しきことか、今すぐやめろ！」と口で言うのは簡単だ。だが、一方でこれによって生計を立てている人々もいる。人々の生活がかかっている事業を、たかだか四ミリメートル弱の文字通りゴミのような虫のために止めさせる権利が、どこの誰にあるのだろうか。それだけではない。石灰岩採掘などとは一切無縁のような顔をして普段生活している我々一般人も、知らないうちに石灰岩の恩恵にあずかっている。毎日住む家の建材や窓ガラス、毎日通る道路のアスファルト、その他医薬品、食品にいたるまで、今や我々は石灰を使わずして近代的な生活を営むことができない。そんな現代人に、石灰岩採掘を否定する資格などない。

だが、一方で人間には知恵がある。うまく希少生物の生息の核となるエリアを温存しつつ、開発を行うことだって不可能ではないはずだ。なにせ、この絶滅危惧種を未来へ残すためには、下草刈りや木々の間伐、外来生物の駆除など複数の対策を同時進行させねばならないベッコウトンボやギフチョウの保護活動の一〇〇分の一の手間もかからない。生息地に一切何も手をつけず、そのままにしておけばいいだけなのだから。

メクラチビゴミムシは地域おこしには使えないし、マスコットにもならない。しかし、その土地の成り立ちを知る「生きた歴史書」である。その歴史書を後代に残さずして、この世から永遠に抹消してしまうことは、あまりにも罪深い。

## †煉獄の玉砂利海岸

**イソチビゴミムシ** *Thalassoduvalius masidai*（準絶滅危惧）は、いわゆるメクラチビゴミムシの親戚筋に当たる地下性の甲虫で、体長は五―六ミリメートル程度。体色は赤く、後翅の退化したなで肩の姿だが、複眼はかろうじて退化せず残っている。体格の割に、妙に頭でっかちのプロポーションをしているが、理由は分からない。

彼らの生息環境は驚くべきものである。洞窟などではなく、海岸の地下に住んでいるのだ。それも、こぶし大の石が堆積した礫の浜にしかおらず、加えて切り立った崖が海岸すぐのところまで迫っており、なおかつ地下から真水が常に染み出しているという場所でなければ住まない。

この虫は日本固有種だが、地域によって三つの亜種に分けられている。すなわち、伊豆諸島や関東沿岸に分布するイズイソチビゴミムシ、四国の瀬戸内海沿岸に分布するナンカイイソチビゴミムシ、そして中国地方から九州にかけて分布するただのイソチビゴミムシである。とはいえ、外見はどれもこれも似たり寄ったりで、専門家が見ないと何がどう違うのかさっぱり分からない。

イソチビゴミムシ

この虫を探すのは、並大抵の根性では務まらない。海岸の砂利をひたすら数十センチメートルの深さまで掘っていくと、やがて粘土層にぶつかる。この、砂利の層と粘土層の狭間くらいの場所まで垂直に掘ったのち、この狭間に沿って水平に掘り進んでいくと、運がよければ見つかる。しかし、砂利の地面は掘れば掘るほど周りがどんどん崩れて埋まっていってしまうため、粘土が見える深さまで掘るのは容易ではない。しかも、そこから水平方向に掘るときに容赦なく砂利のなだれが起きてしまう。掘るときの振動により、虫も驚いてどんどん砂利同士の隙間を伝って逃げていってしまうため、追いつめることが難しい。

かつて西日本で、夏に虫好き仲間らと一緒にこの虫を掘り出そうとしたことがあった。さえぎるもののない、かんかん照りの海岸で、滝のように吹き出る汗をぬぐいつつひたすら土木作業した。半日ぶっ続けで掘るもこの時は私は発見できず、すぐ傍で掘っていた同行者がかろうじて一匹だけ出したが、夏にこの虫を探そうなどと思ってはならないことを思い知った。冬季にはごく浅い地表近くまで上がってくるという説がある。一方、冬には決して採れないと主張する人もおり、地域や条件によって冬季の振る舞いが相当に異なる虫のようだ。

この虫は採集が難しい上に、その探索には多大な労力を必要とするため、西日本の小さな島嶼域を中心に、まだまだ発見されていない新産地が残されているであろう。

## †海の小さな忍術使い

海岸近くに行くと、俗に「海ゴキブリ」などと呼ばれるフナムシがたくさん見られる。

ムシと言っても、実際のところフナムシはエビやカニと同じ甲殻類なのだが、それとは別に正真正銘の昆虫で海岸にしか住まないものが、多くの分類群から知られている。

ウミホソチビゴミムシ *Perileptus morimotoi*（準絶滅危惧）は、その名の通り海際の地域にだけ特異的に見られる不思議な昆虫だ。ただし、この種は正確には海岸ではなく、淡水の影響を受ける大きな川の河口域にしか住まない。それも、ヨシ原が発達した砂泥質の岸辺である。本種を始め、ウミナントカという名の甲虫は何種かいるが、それらのうちかなりのものが実際にはカコウナントカと呼ぶのが相応の生態を持つ。

分布域は本州、四国、九州と南西諸島の一部。体長二ミリメートル前後、全身くすんだ灰色のいでたち。とにかく小さくて地味で、まったく人目を引かない。しかし、拡大してみると意外に目がパッチリして可愛らしい。そして、クワガタほどではないにせよ顔のサイズの割りに長い牙を持ち、勇ましくもある。この虫が活動するのは、干潮時のみ。干上がった砂泥の上を、ものすごくすばしっこい動きでチョロチョロ走り回り、自分より小さな他の生物を捕らえて食う。やがて潮が満ちてくると、この虫は石の下などに潜りこんで、そのまま水没してしまう。

砂泥上に落ちている石と砂泥の境には、多少とも隙間ができ、そこには水没時にわずかばかりの空気がたまる。こうした空隙に溜まった空気で呼吸しつつ、虫は次の干潮までじっと耐え忍ぶのである。まさに忍者の使う「水遁の術」。潮の干満の影響を受ける環境に住む昆虫は、多くがこの術を持っている。

九州のある大きな河口で、私は初めてこの虫を見た。大雨の中、水の引いたヨシ原で小石を裏返し、数匹を見つけることができた。裏返した石の裏には、ゴカイやカニなどいろんな小動物が掘り進んだトンネルができている。こうした空隙を、素早く走り回っていた。長い触角を大きく振りながら歩くので、肉眼でも余裕で存在を認識できるものの、やはり尋常でない小ささ。あっという間に砂礫の隙間に入り込んで行方をくらましてしまう。

ウミホソチビゴミムシ

ウミホソチビゴミムシは、産地ではさほど極端に少ない虫ではない。しかし、その産地自体が近年全国的に激減している。ヨシ原のある砂泥の河口という環境は、いま日本各地から姿を消しつつあるのだ。干潟は水を浄化し、また多くの渡り鳥などにとって大切な休息場所である。人間にとっても潮干狩りなど、レジャーや水産業の観点から見てとても重要な環境と言える。

渡り鳥のように、ある程度大きな生物であれば「近年少なくなった、どうにかしよう」という向きにもなるだろう。しかし、たかだか数ミリしかない虫では、いくら希少だといってもなかなか行政は立ち上がらない。それだけに、近年高知県でなされた、ウミホソチビゴミムシの生息に配慮した河川改修工事の試みは先進的と言える。

## †浜辺に隠された青い秘宝

ウミホソチビゴミムシは、海と言ってもどちらかというと河口に住む昆虫と先ほどは述べた。しかし、もっと塩分の濃い、本当に海際に住んでいるゴミムシがいる。**ウミミズギワゴミムシ** *Bembidion umi*（準絶滅危惧）だ。

近縁の種は軒並み体長三—四ミリメートル以下のものが多い仲間にあって、本種は五ミリメートルを越す破格の大型種である。全身黒っぽいが、よく見ると光の当たり加減で深い海のような青色の金属光沢をたたえる。翅の表面には、整然と平行に並ぶたくさんのスジにくわえ、打ち付けたような小さな窪みが等間隔に配置されており、なかなか意匠が凝っている。

北海道から九州まで広域な分布域を示すが、見つかっている場所は非常に限られている。いずれも、汚染されていないきれいな海浜が広がっているような場所である。特に、目の

ウミミズギワゴミムシ

大きい砂利の堆積した礫の浜を好むらしい。しかし、この虫のそれ以上の生態はあまりよくわかっていない。何かの拍子でたまたま表を歩いているのを見たとか、海辺の灯火に夜間飛来したとか、明らかに本来そこにいるべきであろう場所にいる状態でなかなか見つからない虫なのだ。それゆえ、狙って探そうと思っても探すポイントが絞りづらい虫である。

　地下の砂礫空隙にしかいない、とある珍しい虫を探すため、西日本のある礫浜で、満潮時ギリギリ海水に浸かるか浸からないくらいの辺りの地面を、四〇センチメートル位掘り下げる遊びをしたことがある。しかし、死に物狂いでいくら掘れども、目的のブツが出てくる気配がない。しょうがないので別の場所を掘ろうと思いたち、今自分が掘って脇に溜めておいた残土の礫を穴に被せ、埋め戻そうとした。その時、その残土の中から青光りする小さな虫が素早く這い出てきた。何かと思って取り押さえたら、これがウミミズギワゴミムシだったのだ。

　この時は偶然出ただけかと思ったが、その後すぐ脇の地面を掘り返し、それを埋め戻した際にまた一匹出てきた。今度は慎重に、そのさらにすぐ脇の地面を掘ってみた。すると、だいたい地表から五センチメートル内外の深さにある礫同士の隙間から、ウミミズギワゴミムシがポロッと出てきた。それから近くにいた知人とともに捜索を続けた結果、半日の調査でトータル十数匹のウミミズギワゴミムシを発見できたのだった。

地下から掘り出されて平坦な地べたに突然置かれたこの虫は、周りの状況がよくわからず呆然としており、しばらくは次の行動に移れない。数十秒間は硬直しているので、生きたまま撮影するならこの時がチャンスだ。しかし不思議なもので、この虫を撮影しようとファインダーを覗くと、なぜかピントが合った瞬間すばやく走り出してしまうのだ。ただカメラを近づけるだけではじっとして動かないのに、どういうわけかこちらのピント合わせが完了するのを見はからうかのように逃げてしまい、撮影には時間を要した。

これは本種に限らず、水際に住む小型のゴミムシ類全般に言える傾向だ。しばらく経つと、この虫は自分が本来あるべき場所に置かれていないことに気づくらしく、俄然猛ダッシュしてそこから走り去ろうとする。このとき、何の前触れもなく突如翅を開いて飛んでいってしまうことも多く、結局撮影をする中で捕まえた個体のほとんどに逃げられてしまった。

## †アリの巣の中のロボ

アリの巣の中には、非常に多くの種および個体数のアリではない生物が同居しており、これらをひっくるめて好蟻性生物と呼ぶ。アリの巣内には餌となるものが豊富に存在するだけでなく、アリは攻撃的な性質の昆虫であるため、その懐の中に入り込むことができれば餌と身の安全を同時に享受できることになる。しかし、アリは本来自分の巣仲間以外の生物に対してとても排他的だ。それゆえ、各種の好蟻性生物たちは種ごとに異なる様々な方法で、上手くアリをだましてセキュリティシステムを突破し、その巣内に侵入する。

ヒゲブトオサムシ亜科は、オサムシ科に含まれる甲虫の一群である。一群といっても、その中には非常に多数の種が含められており、その中のあるグループ（Paussini族）はアリの巣内に住みつくことに特殊化した。

この仲間の甲虫は、どれも触角に奇妙な突起を生やしていたり、あるいは触角が小判のように極端に肥大化している。彼らは種ごとに特定種のアリの巣にしか居候できないが、その反面交尾相手を探索するなどの理由で頻繁にアリの巣を脱出し、近隣の別のアリの巣に入りなおす習性を持つ。その際、彼らは今から侵入するアリの巣が本当に自分の居候すべきアリ種の巣であるかを確かめるため、アリの巣から発散する匂いを嗅がねばならないと考えられる。

昆虫はおもに触角で空気中の匂い分子をキャッチして匂いを感知するが、より匂いを正確に感知するには、触角の表面積を広くする必要がある。その方法の一つは触角をものすごく細長くすることだが、狭いアリの巣に居候する虫にとって徒《いたずら》に長い触角など邪魔でしょうがないし、機嫌の悪いアリに容易《たやす》く噛み切られる恐れもある。そのため、ヒゲブトオサムシたちは逆の方法をとった。すなわち、触角をものすごく短くする代わりに、非常に太く扁平な形にしたり、あるいはたくさんの凹凸や毛を生やすことで表面積を稼ぐ方向に進化したのである。

触角だけではなく脚の節も種によっては太短く、間違ってアリに噛まれても容易に千切られないようになっている。アリと同居するという命題のために、その身を徹底的に特殊化させたサイボーグのような虫である。ある種のヒゲブトオサムシでは、アリの巣内でアリの幼虫を食い殺したりする様子が観察されているが、基本的にこの仲間はどの種も稀でなかなか採集できないため、その生態に関する研究はなかなか進まないのが現状だ。

アリと関係するヒゲブトオサムシの仲間は、アジア・アフリカの熱帯地域を中心として世界各地に分布する。その種数の多さと形態的な多様さ、そして珍しさから、世界的には非常に多くのファンがいる人気の虫である。しかし、日本では種数が極めて少なく、ことに先に述べたような触角が太くて変わった姿の種は、たった一種しかいない。**クロオビヒゲブトオサムシ** *Ceratoderus venustus*（準絶滅危惧）がそれである。

　四国と九州（周辺の島嶼を含む）の各地から散発的に見つかっている珍種で、体長はわずか四ミリメートル程度の小型種だ。しかし、その全身は燃えるように赤く、上翅の中ほどにクロオビの名の通り太くて黒い横帯が一本走るという、他とは見間違えようのない姿をしている。この虫は、日中アリの巣を脱出し、樹幹をせわしなく走り回る習性を持つ。外へ出てくるのは決まって晴天の無風の日。それも初夏が一番出てくる頻度が高い。

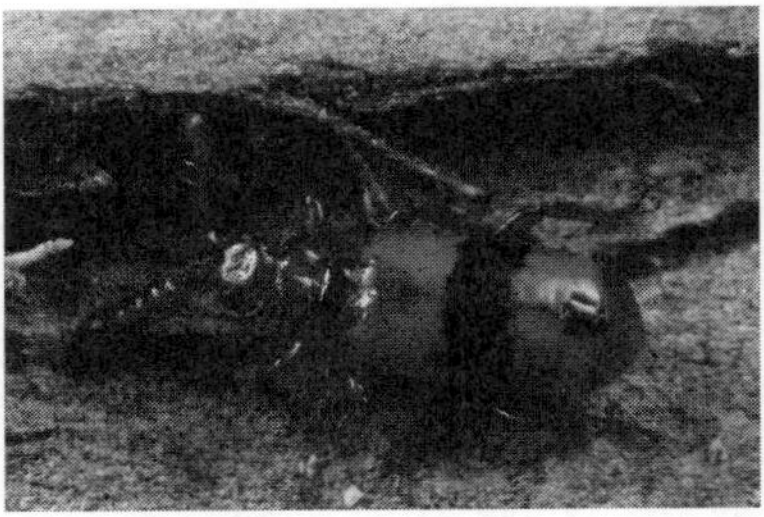

クロオビヒゲブトオサムシ

　虫は樹幹を歩き回りながら、盛んにあの太い触角を交互にピコピコ上げ下げする。樹幹に残された、寄主であるアリの行列の匂いを探知しているのだろう。私がこの虫の姿を最初に見たのは、西日本のとある海沿いの林だった。たった四ミリメートル程度の小虫だが、最初に視界に入ったその虫の姿はあまりにも印象的で、五センチメートルにも一〇センチメートルにも見えたのを覚えている。

クロオビヒゲブトオサムシは、海外にいる他の仲間の暮らしぶりと、その珍奇な形態から好蟻性と見なされているわけだが、実のところ日本でこの虫がアリの巣の中から見つかった例はほとんど知られていない。現時点では、樹上性のクボミシリアゲアリ *Crematogaster vagula* が寄主であると考えられているが、私には真の寄主アリ種が別にいるように思えてならない。クボミシリアゲアリは本州以南に広域に分布する普通種なのに、その居候たるこの虫の採集例があまりにも散発的かつ局所的に過ぎるからだ。ただ、樹幹で発見されることが多いのと、垂直な面での活動に長けている様子から見て、樹上性のアリが寄主であることは間違いないだろう。

これまでクロオビヒゲブトオサムシが発見されている地点は、いずれも市街地から遠くて広大な照葉樹林の広がる環境である。こうした環境が残されている限り、当面この虫の生息は安泰と思われる。

### †環境に優しい環境破壊

大きな川の河口域には、しばしば「塩性湿地」と呼ばれる特殊な環境が成立する。基本的に、潮の干満の影響を受ける干潟のような環境なのだが、もう少し地面が固く締まっている。そして何より、草原のように地面に草が生えるのだ。普通、海水をかぶるような場所では植物などしおれてしまいそうに思えるが、ヨシやハマサジ、シオクグなどといった特殊な植物は、塩分に対して耐性を持ち、こうした環境で群落を作ることができる。こんな塩性湿地には、他では見られない特有の昆虫類がいくつか生息する。

**ドウイロハマベゴミムシ** *Pogonus itoshimaensis*（準絶滅危惧）は、九州は福岡県の河口で見つかった個体をもとに記載された珍しい甲虫である。たかだか六ミリメートル程度の黒くて卵形をした虫ではあるが、よくよく見ればその体表は名の通り緑がかった銅色の金属光沢に輝き、美しい。

ドウイロハマベゴミムシ

彼らは水際の湿った泥の上を、風のように素早く疾走し、他の小動物を襲って食うようである。大抵、塩性湿地の水際の地面には汚らしいラン藻類が堆積しているが、その下側の陰が好みの隠れ家だ。

九州で最初に見出されたこの虫は、その後北海道、本州からも発見された。しかし、その生息地は全国でもほんの数ヵ所しか見つかっておらず、絶滅が危ぶまれている。いずれの生息地も広大な河口域、もしくはかつて食塩の精製に使っていた「塩田」の跡地に広がる塩性湿地帯だ。

かつて日本各地にあった塩田は、塩の精製法の変化に伴って利用されなくなり、放置された。しかし、その跡地にはやがて塩分耐性の強い植物が茂り、それをよりどころに様々な昆虫や鳥が住みついた。自然本来の塩性湿地がなくなりつつある今、塩田跡地は多くの希少動植物の駆け込み寺となっているのである。

ところが、近年この最後の駆け込み寺たる塩田跡地にも開発の波が押し寄せてきている。広大な用地が確保でき、なおかつ平坦な立地を生かした太陽光発電施設が次々に作られ始めているのだ。いわゆるメガソーラーである。先の東北の震災に伴う原発事故以後、メガソーラーは、「自然にやさしい」「自然との共生」というキャッチフレーズで近年急速に普及した。しかし、これが作られやすい立地は、往々にして希少な生物が生き残る草原や湿地環境であることが多く、それにより失われた希少種やその生息地は計り知れない。国内において、かつて塩田のあった用地跡地の多くは、こうしたメガソーラーの建設予定地として消滅しかかっている。

私は、北海道のとある海沿いの塩性湿地まで、わざわざドウイロハマベゴミムシ見たさに出かけたことがあった。行った時期が五月末で、当時住んでいた九州の感覚では新緑の初夏だったのだが、とんでもない。まるで真冬のような寒さ。しかも天候は最悪で、降りしきる雨の中草むらにしゃがみ込んで虫を探した。一時間ほど全身ずぶぬれになりつつも、水際に堆積した草やゴミを棒きれで裏返し続け、やっと私はたった一匹だけ見つけだすことができた（正確には、見つけたのはすぐ隣で探していた同行者だったのだが……）。小さい、何のことはないただの黒い虫なのだが、分厚く空を覆う雲の切れ間からほんの一瞬差した日の光に照らされた時の、あの真鍮色のことを、私は一生忘れないだろう。

### †回る潜水艇

水面に浮かんでクルクルと円を描くように泳ぎ回る、小さなボートのような甲虫。今の日本でミズスマシという名前を知っている人はいても、実際にその現物を見たことのある人というのは一体どれほどいるのだろうか。

私も恥ずかしながら、大学入学を期に長野県へ移住するまで、日本中のどこでもそれを見た試しなどなかった。昆虫図鑑を開けば必ず載っているそれを紙上で見るたびに、もしかしたらこの国はいもしないミズスマシなどという幻影を我々に植えつけようとしているのか、という陰謀論の可能性まで疑ったほどだ。それほどにまで、ミズスマシは近年急激にいなくなってしまった虫である。

日本国内には約十五種のミズスマシが分布しており、そのうち過半数の種が環境省の絶滅危惧種に選定されている。ただし、選定されていない残りの種も、事実上すべて絶滅寸前と言ってよい。日本のミズスマシの仲間には、河川などの流水に生息する種と、平地の池など止水に生息する種がいる。どちらのタイプも河川改修や護岸工事、そして水質汚濁などの理由でひどく個体数を減じており、ここ最近では特に人里近い止水に住む種が軒並み危機的状況に追い込まれている。

ミズスマシにとって、水質そのものが悪くなるのも脅威だが、生息地の岸部の護岸化はもっと具合が悪い。なぜなら、護岸されると蛹になることができなくなるからだ。一般に、ミズスマシは水中の水草などに嚙み傷をつけてそこに卵を埋め込む形で産卵する。孵化した幼虫はムカデともゲジゲジともつかぬ姿をしており、水中を泳ぎまわってはミジンコなどの小動物を捕食していく。そして、やがて水から上がり、岸辺の泥の中に小さな部屋を作ってそこで蛹となる。水と、自然の土の岸辺がセットになった場所があって、やっとミズスマシの生活環は完結するのだ。

かつて我々の身の回りに普通にいた（としばしば言われるが、私が生まれた年代時点で既に身近なものではなかった）ミズスマシは、おそらくこの二〇―三〇年の間に各地から火の消えるように姿を消していったのだろう。しかし、そこまで絶滅に瀕している割に、同じく絶滅危惧種とされるゲンゴロウやタガメと比べて、ミズスマシは不可思議なほど世間で保護・配慮されていない。その理由は、「小さいから」の一言に尽きると思う。

オオミズスマシ

　私が初めて見た**ミズスマシ** *Gyrinus japonicus*（絶滅危惧II類）は、大学生の頃住んでいた松本市内のちょっとした池にいた。当時私はゲンゴロウを見たことがなかったが、私にとってはゲンゴロウなどよりもミズスマシのほうがずっと希少価値の高い代物だったため、すぐさま網で掬い取った。わずか五ミリメートル程度の黒い甲虫だが、光の当たり具合で鈍く虹色に輝くその姿には魅了されたものだった。こういう小型のミズスマシには、ただのミズスマシの他に**ヒメミズスマシ** *G. gestroi*、**コミズスマシ** *G. curtus*（ともに絶滅危惧IB類）などいくつも似た種がおり、外見で識別するのは至難である。このような小型種はかなり移動性が強いらしく、半月前にそこそこ姿を見かけた池に行ったら姿がまったく消えていた、ということがしばしばあった。繁殖相手を求めてのことかもしれない。近隣に一定規模の池が複数存在することも、ミズスマシの生息にとっては大切なのだろう。

　少し水面の広い、湖の範疇に入るような池になると、もっと大型の**オオミズスマシ**

*Dineutus orientalis*（準絶滅危惧）が生息している。スイカのタネと同じか少し大きい位の甲虫で、生息地では抽水植物の多い岸辺近くで群れていることが多い。ミズスマシとしてはそこそこのサイズであるため、これが水面にたくさん散らばって泳いでいる様は圧巻である。

私は長野県に住んでいた頃、一カ所だけこれが高密度で生息する池を知っていた。ここはブラックバスとブルーギルが密放流されてしまっているのだが、そうした魚が近づいて来られない浅瀬でヨシが茂っている岸辺にのみ、しがみつくように多くのオオミズスマシたちが生き残っていた。一〇年程前に比べれば見る影もないほど減ったが、現在でもここのオオミズスマシたちは何とか生き残っている。佐賀県のとある場所にも、先述のような条件の大きな池を一カ所見つけており、やはり外来魚が放たれてはいるものの、浅瀬で岸辺の草が水に浸かっているような場所に多くの個体が群れていたのが印象的だった。

## †川縁の益荒男

ゲンゴロウの仲間は、水生の甲虫としてはもっとも著名で馴染み深いものであろう。楕円形の平たい体に、オールのような後脚を持ち、水中を軽やかに泳ぎまわるひょうきんな虫である。しかし反面、彼らは獰猛な肉食昆虫であり、手近にいる他の弱った生き物を容赦なく食い散らかしていく。

これが幼虫となるとさらに恐ろしげで、知らずにムカデの一種と聞けば疑いもせず納得してしまいそうな姿をしている。ほっそりとした体に大きな頭、さらにカマ状の鋭い牙を持ち、近づいてくる生きた小動物に食らいつく。牙は中空の注射針のようになっており、これで獲物の体内にいったん消化液を注入してから吸い上げていく。ゲンゴロウの仲間の幼虫は、外見も振舞いも地上に住むゴミムシの仲間のそれにとてもよく似ている。実のところ、ゲンゴロウ科は地上に住むゴミムシの仲間が水中生活に適応したグループと考えられているのだ。

キベリマメゲンゴロウ

ゲンゴロウの仲間は、日本に百数種が知られているが、それらのうちほとんどは体長一センチメートル以下の小さなものばかり。にもかかわらず、昔の学者が日本の種としてはさほど小さくもない、三センチメートルほどの種にコガタノゲンゴロウ *Cybister tripunctatus lateralis*（準絶滅危惧）という和名をつけてしまったばかりに、さらに小さな種にはヒメ、マメ、ツブ、ケシ、チビなど、とにかく小さいことを強調する形容詞を乱発した和名がつけられてしまった。そんな中で、マメゲンゴロウと呼ばれる仲間はおよそ六―七ミリメートルの種で構成された、ゲンゴロウ全体としては中途半端な小ささのグループといえる。浅く澄んだ水界に生息する種が多い。

**キベリマメゲンゴロウ** *Platambus fimbriamus*（準絶滅危惧）は、北海道から九州にかけての河川中流域に生息するマメゲンゴロウの一種だ。多くが黒一色で地味きわまるこの仲間の面々としては珍しく、背面から見ると前翅の縁が薄い黄色をしており、その縁の黄色から派生した背中の模様が美しい。アシなどが茂った遠浅な川岸の、水がひたひたに浸かっている辺りに多く生息している。水が綺麗でなければ生息しないが、その一方で多少の濁りがないとだめなようである。もっと水が澄んだ川の上流域に行くと、近縁の別種で黒地に黄色の小さな斑紋を持つモンキマメゲンゴロウ *Platambus pictipennis* しか見られなくなる。

信越のとある大型河川には、この美しいゲンゴロウが少なからず見受けられる。生息箇所はかなり局所的で、スポット的に多産する傾向が強い。昼間はほとんど姿を見ないが、日没後にライト片手に川縁をうろつくと、すばしっこい動きで川縁の小石裏へ出入りするのが見られる。ここの川は水量がとても多く、水流もかなり強い。常に水面が激しく波打つ川縁の水際ギリギリにいるため、瞬間的に水から出てしまうことがあるが、虫本人は至って気にしていない。小さいくせに、細かいことを気にしない益荒男《ますらお》だ。

しかし、そんな益荒男も河川の水質悪化には弱い。上流域に比べて、中流域は周囲に民家が多く生活排水の影響を受けやすい場所である。また、人の居住区が近いこともあり、防災のために岸辺がコンクリートで固められることが多い。特に大型河川の場合、流路がまっすぐに整備されてしまいやすく、流れの強さに緩急がなくなってしまう。こうした河川では、川岸に植物が生えにくくなり、当然それを隠れ家とする小動物も住みにくくなるであろう。

### †さまよう根無し草

セスジゲンゴロウの仲間は、せいぜい体長三—五ミリメートル程度の大きさしかないゲンゴロウの仲間で、種数は多いもののどれも茶色っぽい地味な種ばかり。種同定(生き物の種を調べること)には、オスを解剖して生殖器の形態を見るという面倒なことをせねばならず、ゲンゴロウマニア的には初見殺しなグループといえる(この仲間に限らず、ゲンゴロウ類の種同定において生殖器の形を見るのは当たり前の作業であるが)。そんなセスジゲンゴロウ類の中でも異彩を放つのが、**トダセスジゲンゴロウ** *Copelatus nakamurai*(絶滅危惧Ⅱ類)だ。体長四ミリメートル強、この仲間としては結構小柄な種であるものの、上翅には黄色く目立つ線が走っており、なかなか綺麗だ。他に似た模様の近縁種は国内にいないため、素人でも一目見て一発でそれと判断できる。一九八五年、埼玉県戸田市の河川敷で見つかった個体をもとに一九八八年に新種記載されており、比較的最近になって認知されるようになった。ただし、この虫はすでに一九七〇年、ロシアの研究者が別の学名で新種記載していたことがのちに判明し、新種とは呼べなくなってしまった。

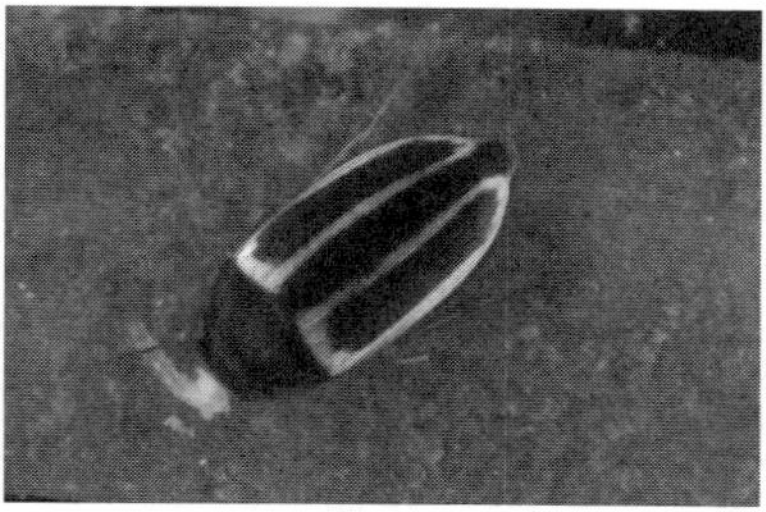

トダセスジゲンゴロウ

ゲンゴロウだから当然水の中に住んでいる訳だが、本種を含むセスジゲンゴロウ類は、他のゲンゴロウを探す感覚で川や池に行っていくらタモ網で引っ掻き回しても、そうそう採れない。なぜなら、彼らが生息する水場は、ほんの数日で干上がってしまうようなごく浅い水溜りだからだ。湿地帯や河川敷の脇の草むらには、大雨が降るとくぼ地に小さくて浅い水溜りができる。こうした不安定な水場に生息するよう特殊化したのがセスジゲンゴロウ類である。彼らは狭い水場で、成虫幼虫ともに蚊のボウフラなどを捕らえて食べている。

水溜りは大きな池と違って水温の変化は激しいし、やがては干上がってしまう。だから、彼らは居心地が悪くなるとすぐにその水溜りを捨てて飛び立ち、根無し草のように、近隣の別の水溜りへと引っ越す。水がない時期には、湿った枯れ草の堆積中に潜ってやり過ごすこともあるらしい。

一般にゲンゴロウ類は、幼虫期に必ず水中で過ごさねばならない。だから、セスジゲンゴロウ類の幼虫期はとても短く、わずか二〇日前後とされる。水が完全に干上がる前に、水中生活が必須の幼虫期を急いで終えて、蛹にならないといけない。蛹化の際には水から上がり、付近の湿った土中に部屋を作ってその中に納まる。とにかくせわしなく、落ち着きのない生活史の虫である。しかし、こんなライフサイクルを身につけたおかげで、彼らは定期的に洪水などで洗い流されて攪乱されるという、競争相手の少ない湿地帯で生きていけるようになったわけである。

関東のとある湿地帯脇の砂利道で、私は初めてこのゲンゴロウを見た。大雨の後、周囲が開けて遮るものが何もない未舗装の路面に、小さな水溜りが点々とできていた。水溜りはいずれも直径一メートルほど、水深は一センチメートルもない。水溜りの底には、わずかばかりの木の葉が沈んでおり、それを裏返したところ、多数の茶色いセスジゲンゴロウ類に混じって二、三匹のトダセスジが飛び出した。小さいがとても目立つ色彩で、めまぐるしく水底をクルクル泳いですぐに泥の中へ潜ってしまった。一つ一つの水溜りは小さいが、この路面には無数の水溜りがあったため、一つ二つ干上がったところで彼らの生息には何ら影響はないだろう。

トダセスジゲンゴロウの生息地は関東の平野部に集中しているが、近年その生息環境は悪化の一途を辿っている。河川改修などで河川敷の氾濫が起きにくくなったり、水溜りができにくくなってきたからだ。本種が最初に発見された、その名の縁でもある戸田市の産地は、情けないことに現在は開発で消滅しているという。コンクリートで路面を完全に舗装してしまうと、降雨時くぼ地に水溜りはできても幼虫の蛹化できる場所がなくなってしまう。年間を通じて周囲一体が湿り気を帯び、なおかつどこかしらに複数の小さな水溜りがある条件下でしか、この虫は生息できない。

一方で、彼らは非常に不安定かつ小規模な水溜りに住めるほどの生命力を持っている。生息地である河川敷の一角に水はけの悪い場所を確保し、浅い穴をいくつも掘って雨水が溜まるようにしておけば、本種にとって避難場所として機能するのではないかとも思う。

トダセスジゲンゴロウは、小型種ながらも美しさとあいまって希少種であること、一カ所に多数個体が固まっていることから、虫マニアにしばしば大量に採られてしまうことが指摘されている。生息地自体の消失に比べたら、必ずしも個体群存続の脅威になるとは限らないと個人的には思うが、それでも絶滅に瀕する生物であることを認識し、みだりな採集は慎みたい虫である。

コガムシ

## 水田の顔見知り

虫マニアの間では、水生昆虫として、ガムシ科はよく知られている甲虫の仲間だ。実際には陸生の種も相当いるのだが、少なくとも日本においては顕著で目立つ大型種が軒並み水生なので、「水モノ」として認知されている。

水生ガムシ類はしばしばゲンゴロウと間違われることが多く、昆虫関係の本では「ゲンゴロウより泳ぎが下手くそなのがガムシ」と書かれている。確かに、オールのような後脚をかいてスイスイ泳ぐゲンゴロウに比べると、ガムシは全部の脚をバタバタ動かして泳ぐため、不恰好に思える。しかし、それでも泳ぐスピードはかなりのものだし、決して泳ぎが下手な生き物ではない。少なくとも、私よりはずっと泳ぎが達者だ。

ゲンゴロウ同様、ガムシの仲間も日本に住む大半の種は米粒サイズの小さいものばかりである。そんな仲間の内にあれば、**コガムシ** *Hydrochara affinis*（情報不足、もちろん小さいガムシの意）は決して小型種の範疇に入らないだろう。コガムシは体長二センチメートル弱、背面から見ると卵型をした、別段どうということもない風貌の甲虫である。体は全身深緑色で、脚だけがオレンジ色。本州から九州にかけて広く分布し、主に平地の止水域で見出される。夏の夜、灯火に飛んでくることが多い。水田地帯に囲まれた駅舎では、しばしばホームにひっくりかえってジタバタしているのを見かける。

私が今まで居住したことのある群馬や長野では、五月の田植え時期の夜、水を張った水田でかなり多くのコガムシを見たものだった。あのせわしない脚さばきで水中を泳ぎまわっては時々水面に胸部をさらして息継ぎしたり、浅い水底で枯草を牛のように食《は》む姿を見るのが、あの時期の年中行事だった。小学生の頃には、田舎の学校のプールで泳いでいるのもしょっちゅう見た。

そんなことから、個人的にはまったく珍しいという印象のない虫だったが、近年全国的にはどうやらそうではなくなってきたらしい。この虫は、年中安定して大量の水をたたえた池や沼には生息せず、水田やその脇の小さな水たまりなど、定期的に水が増減する不安定な水界でしか生息できないらしい。そうした、出現したり消滅したりする水場が日本各地から減ってきており、コガムシも以前ほど普通に見られる虫ではなくなってしまったのだ。水田環境にかなり依存している雰囲気があるので、米作の担い手不足により水田がどんどん消滅している現状は彼らにとって脅威であろう。

先日、関東の平地の水たまりでタモ網を引っ掻き回していたら、久しぶりにコガムシが入った。絶滅危惧種の仲間入りした今も、大半の虫マニアはこれを普通種だと思っているので、網に入ったとしてもすぐ捨ててしまう。私も今までなら何も考えずに見た瞬間捨てたはずだが、せっかくなので透明な容器に水を張り、中に放して観察した。光の加減で、見る角度により微妙に色調の変わる深緑色の背面、丸っこくて人畜無害そうな顔つき、そして空気を蓄えて一面銀色の腹側の美しさに、しばし魅了された。

## †渚のキウイのタネ

日本において水生のガムシは、大半が池や田んぼなど淡水に生息する。しかし、中には限りなく海に近く塩分濃度の濃い水界にのみ生息する変わりものもいる。**クロシオガムシ** *Horelophopsis hanseni*（準絶滅危惧）がそれだ。海岸の浜辺に打ち上げられたゴミなどの下に住む陸生ガムシの仲間は何種か知られているが、感潮域（河川や海岸で潮の干満の影響を受ける範囲のこと）のすぐ水際から水中にかけて特異的に生息するガムシの仲間は、今のところ日本では本種しか知られていない。

クロシオガムシは体長がわずか二ミリメートルそこそこしかない、きわめて微小な甲虫である。黒っぽい上にやや縦長の体型は、ともすればキウイフルーツのタネに似ている。

沖縄本島で最初に発見され、その後日本の各地でぽつぽつと産地が見出された。現在、本州の中南部から四国、九州、屋久島、そして奄美大島で確認されている。生息地内ではしばしば高密度でうようよ見つかるが、分布が非常に局所的であり、いる場所を知った上で出かけない限りはそうそう姿を拝めない。それ以前に、何しろ色もサイズもキウイフルーツのタネそのもののため、仮に傍にいたとて気にする人間もそうそういないであろう。

彼らが生息するのは、海にほど近い河口の干潟だ。砂まじりの泥の場所を好むようで、潮が引く頃になると水際に近い濡れ地でゆっくりうごめいている姿を見られる。水中にもいるが、基本的に陸で活動するのを好む虫のようである。泥の上を這いずり回り、何を餌にしているのかはよく分からない。ただ、一般的なガムシ類の食性を考えれば、潮が引く際に泥上に残された有機物や藻類あたりだろうと思われる。

九州南部の大型河川の河口域へ、この虫を探しに行った。潮周りが最悪な小潮で、干潮時になってもあまり潮が引かない日だったが、その日しか暇を作ることができなかった。時間帯は夕方近くで、どんどん辺りが暗くなっていく。ライト

クロシオガムシ

をつけて、川べりのわずかに潮が引いて泥がむき出しになった所を歩く。虫を探すため、あらかじめその筋の専門家から聞いた方法を使ってみた。

まず、ビニール袋に並々と川の水を汲む。そして、とりあえず適当に川べりの泥を摑み取り、ビニール袋の中にボンボンぶち込んでいく。すると、その水面に黒いツブがいくつか浮かび上がって見えた。クロシオガムシだ。虫は軽いため、水に漬け込むと砂だけが沈み、虫だけが水面に浮いてくるので容易に発見できるのだ。

しかし、川べりにしゃがんで地面をよくよく見れば、そんなことをするまでもなく多数のキウイフルーツのタネが辺りにいくらでも歩いているのを認められた。水を張った容器に入れると、わずか二ミリメートルサイズながらも腹側にしっかり呼吸用の空気を溜め込み、一生懸命にバタ足で底へ潜ろうとしていた。

クロシオガムシは、汚染されていない大型河川の干潟がないと生きていけない。ウミホソチビゴミムシのように、アシ原が発達するような環境を好むようだ。なるべく、こうした環境を人工化せずに温存することが肝要だが、今の日本では難しい。最初に見つかった沖縄本島の干潟をはじめ、いくつかの産地ではその後の消息が確認できないようである。

世界でも沖縄本島の河川にしか生息しないオキナワマルチビガムシ *Pelthydrus okinawanus*（情報不足）は、外見は単なる黒っぽいハナクソにしか見えない。体長わずか三ミリメートル程度しかないこの甲虫は、水質の良好な河川の流水中にだけ生息する。川岸で、植物の根が水流に洗われているような場所や、川の瀬に流木が倒れこみ、そこに落ち葉などが大量に引っかかっているような場所にしがみついており、生態的には後述のエグリタマミズムシ（一六一頁参照）に似ている。詳しい生態は不明だが、水を張った容器に水中の枯葉とともに入れておくと、枯葉の表面をもそもそ齧る様子が見られることから、そうしたものの表面に生える藻類を餌にしているものと思われる。

オキナワマルチビガムシは、当初は本島の北部寄りのエリアにある三、四河川でしか知られていなかった。しかも、そのうちのある河川はダム建設によって生息域が完全に破壊されてしまったそうで、絶滅の恐れが高いという判断がなされて環境省レッドリスト入りする運びとなったわけである。

ところが、そのレッドリスト掲載後になって大きな動きがあった。これまで分布が確認されていたエリアよりもずっと南下した本島中部エリアの河川に、相当普通に生息するらしいことが判明したのである。私も実際に、発見者の方の協力を得て、新しく見つかった産地の一つを訪れる機会を得た。

時期は真冬、南国沖縄とはいえ水生昆虫の捜索には一番不適な時期ではあったが、水生昆虫に関してはズブの素人たる私でもちゃんと見つけることができた。水中の枝に引っかかった枯葉を金魚網でゆすると、何匹か引っかかってきた。恐らく、もっと暖かい時期に来て探せばもっと多数の個体が見られることだろう。本当にただ地味な黒くて丸い虫なのだが、拡大してみると、この世の悪を何も知らなさそうなおっとりとした顔つきで、たちまち私はこの虫のファンになった。

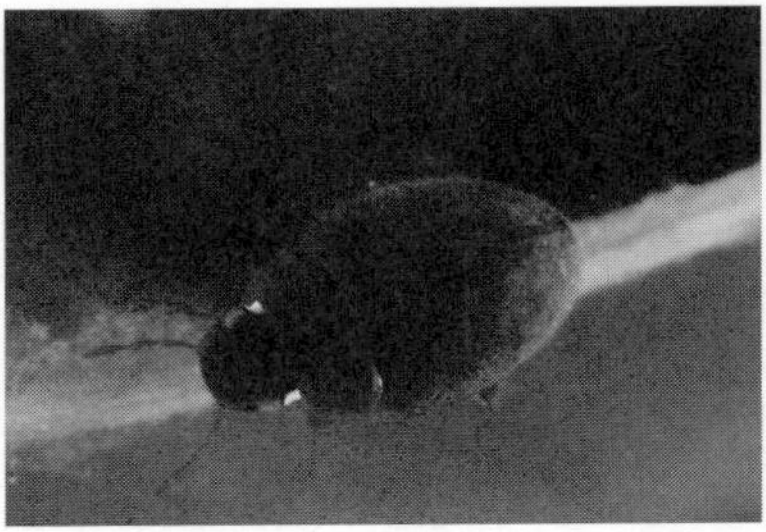
オキナワマルチビガムシ

オキナワマルチビガムシは、どういうわけか沖縄本島で一番自然がよく保存されている北部、ヤンバル（山原）地域ではほとんど見つからないらしい。虫マニア（特に私のように内地からやってくる手合い）の多くは、条件反射的に森林豊かな北部の方でしか虫を探そうとしないため、結果的に北部より中部に多産するオキナワマルチビガムシは、希少な絶滅危惧種であると思い込まれ続けていたのである。事実、沖縄本島にしかいないこの虫が希少である事実は変わらないのだが、「とりあえず虫がたくさんいそうな場所にしか行こうとしない」昨今の虫マニアの振る舞いを戒める事例と言えよう。

最近、南西諸島の各地で条例などにより、昆虫採集を禁じる動きが急速に進んでいる。純粋な探究心で虫を採集するのと、単なる珍種目当ての乱獲行為は、本来は区別されるべき事柄だと思うのだが、世間は理解しないようである。

## †埋葬屋の憂鬱

シデムシは、死んで腐った動物に集まりこれを食い漁る景気の悪い虫として、世間では認知されているらしい。漫画などでは、「シデムシ野郎」などという罵倒文句もしばしば見受けられるほどだ(例えば『GTO』藤沢とおる原作)。しかし、これほどまで誤解と偏見に見舞われた甲虫も、なかなかいないのではなかろうか。

シデムシには大ざっぱに、ただ死肉に集まって場当たり的に食い散らかすだけのヒラタシデムシ類と、死体を地中に埋めてしまうモンシデムシ類に大別される。いずれも、腐敗した有機物を速やかに食い尽くしてその場から片づけてくれる、自然界の掃除屋と呼ぶにふさわしい仲間たちだ。特に、モンシデムシ類は死体を地下にあっという間に埋めてしまうため、伝染病を媒介するハエ類の発生を大幅に抑える役割も果たしている。我々人間の衛生的な生活に、十二分に貢献している生物といえるだろう。

また、モンシデムシ類は昆虫としては珍しく雌雄共同で子育てをすることで知られている。死体の上で運良くペアとなった雌雄は、力を合わせて地中に死肉を埋める。その後、出来あわせで作った地下室内でこの死肉を加工して、上部がくぼんだ形の球体に仕立て上げる。このくぼみにメスは産卵し、孵化した幼虫に親虫は口移しで餌を与える。まるで、社会性のハチやアリにも似た高度な子育て行動を見せるこの甲虫は、行動学的に注目され、盛んに研究されているのだ。

ヤマトモンシデムシ

　モンシデムシ類は、日本には一〇種前後が生息しており、その名の通り背中に鮮やかな赤い斑紋を背負った種がほとんどである。また、これらは原則として森林に生息しており、あまり開けた環境では見かけない。そんな中、**ヤマトモンシデムシ** *Nicrophorus japonicus*（準絶滅危惧）は例外的に開けた環境で特異的に見られる種である。

　体長二センチメートル強、この仲間としては中型の部類に入る本種は、なめらかな背面にひときわ鮮やかな赤い斑紋を持つ。モンシデムシ類は互いによく似通っているが、本種は左右の前翅の合わせ目で斑紋がとぎれること、後脚の脛節が弓のように弧を描くこと

（他の近縁種はみなまっすぐ）などで、一目見てすぐそれとわかる。本州から九州まで広く分布し、平地の草原や河川敷に生息する。こうした環境で、ある程度の大きさの動物が死ぬと、死臭を嗅ぎ付けてどこからともなくやって来る。

長野県は山と森ばかりの都道府県ゆえ、森林性のモンシデムシ類はそれなりによく見かけるが、ヤマトはなかなか見られない。昨年の夏、県内のとある広大な河川敷に夜中出かけたとき、私は偶然草地に転がっていたカエルの死体に本種が一匹来ているのを見た。生まれて初めて見た個体だった。この河川敷には、外来種のウシガエルが大量に住みついている。これを一〇匹くらい捕らえてその場で殺し、周囲の草むらに放置して追加の個体を呼び寄せようとしたが、数日経っても来なかった。確実に生息はしているようだが、個体数はかなり少ないようだった。

ヤマトモンシデムシの生息できる平地の草原や河川敷は、例によって宅地化や改修工事で減ってきている。かつて本種は、モンシデムシ類としてはむしろ普通種だったらしいが、今では一夏をかけて本気で探すような虫になってしまった。生息環境そのものの悪化に加え、野生動物の死体というものが昔ほど平地の草むらや河川敷に転がっていないことも、本種が見られなくなった理由の一つと考えられている。私が子供の頃、野生動物はもとより野良犬や野良猫の死体など、しょっちゅうそこら辺の道端で腐るがままに放置されていたように記憶している。ゴミの集積所も今などと比べたらずっと汚く、ゴミ出しのマナーも悪かった。こうした状況が、結果として平地性の腐肉・死肉漁り虫に一定の生息余地を与えていた面はあっただろう。

環境省の絶滅危惧種にこそ選定されていないものの、ヤマトモンシデムシ同様に平地の腐敗物にたかり、ウジを食っていたルリエンマムシ *Saprinus splendens* という（外見は）美しい甲虫も、滅多に見なくなった。こういう虫は、たとえ絶滅が危惧される状況に陥ってもなかなか保護されない宿命にある。

## †高原の一蓮托生

ハネカクシ科という昆虫の仲間がいる。カブトムシやテントウムシなどと同じ甲虫の仲間ではあるが、その長く伸びた腹部と極端に短い上翅により、一見して甲虫にはとても見えない姿をしている。小さな上翅の下に、長い膜質の後翅を折りたたんで収納していることから、ハネカクシの名がついた。なお、この後翅の畳み方はきわめて巧妙かつ複雑なもので、二〇一五年になってようやくその詳細が判明したほどである。

ハネカクシなんて、大概の人間にとっては見たことも聞いたこともないような虫だろう。実際、触るとかぶれる一部の有毒種を除けば、我々人間の生活にはほぼ関与しない種ばかりである上、体サイズの小さなものが大半を占める。しかし、ハネカクシ科は甲虫の中では一番種数が多い分類群であり、認知されているものだけで五万種以上にものぼる。その分布も汎世界的で、極地を除き地球上のあらゆる陸上に何がしかのハネカクシが生息している。

また、種により地上、樹上、陸水域、海岸にいたるまで、多様な環境に生息するような適応を遂げている。すなわち、ハネカクシは種数・生態の両面から見て、地球上でもっとも繁栄している昆虫分類群の一つと言えるのだ。

この昆虫の仲間の特徴として、アリやシロアリの巣内に居候する生態を持つ種が多いことが挙げられる。ハネカクシには、もともとじめじめした薄暗い場所で有機物を餌にしているものが多い。そのため、地面に巣を作りそこへ有機物を貯めこむアリやシロアリの巣は、彼らにとって願ったり叶ったりの住みかである。

そんな好蟻性ハネカクシの一種であるヤマアリヤドリ *Thiasophila shinanonis*（絶滅危惧Ⅱ類）は、体長三ミリメートル程度の微小種だ。翅が赤っぽい色をしている以外は全身ほぼ黒褐色で、細長い腹部には毛がもさもさ生えている。このハネカクシは、後述するエゾアカヤマアリ *Formica yessensis* というアリが形成する蟻塚の中にのみ特異的に見られる。エゾアカヤマアリ自体は北海道から本州中部にかけて分布するが、ヤマアリヤドリのほうは本州に分布するエゾアカヤマアリの巣にしかおらず、北海道では近縁で別種のハネカクシ、キタアリヤドリ *T. aynumosir* が居候している。

かつて長野県に在住していたころ、県内の高原地帯で、必要に駆られてこの虫を採集しようと思ったことがあったが、とにかく大変だった。何しろ、エゾアカヤマアリは日本産アリ類の中でも屈指の攻撃性を誇るアリなので、うかつに蟻塚をつっつこうものならば瞬時に数百・数千の怒り狂ったアリどもの総攻撃を受けることになる。このアリは噛まれれば当然痛いが、それより何より突発的に強力な蟻酸を水鉄砲よろ

ヤマアリヤドリ

しく撃ち放ってくるのが厄介だ。目を直撃されれば、洒落にならない事態に陥る。しかし、この甲虫を採集しようと思えば、凶暴なアリが大量に潜む蟻塚の中へ腕を突っ込まねばならない。

甲虫が蟻塚の中に見出せるのは、おおむね初夏の時期に限られる。五月の暑い日差しの中、顔には花粉症用のゴーグル、首にはタオルを三重に巻き、長袖長ズボンの状態で軍手をはめ、意を決して蟻塚に手を差し込む。深部の巣材を摑み取ったら、それを握り締めた

ますぐそこから走って逃げ、離れた場所にあらかじめ敷いておいた白布の上にそれをぶちまける。そうして、巣材の中にアリではない虫がいないか確認していくという行為を何十回と繰り返し、ようやく一匹二匹発見できたのだった。

しかしその後まもなく、単に蟻塚の上に大きめの板切れを載せておき数日後に裏返すと、塚の底から上がってきた甲虫が板の裏側にしがみついており、簡単に採集できることを知った（それでも、得られる個体数は微々たるものである）。

今のところ、ヤマアリヤドリは日本国内、それも長野県内のわずか二、三地点にあるエゾアカヤマアリの塚からしか発見されていない。恐らく、エゾアカヤマアリの生息する他の地域でも、ちゃんと探せばあちこちで見つかると思うが、別に立派な角もキバもある訳ではなし、そしてたかだか三ミリメートルぽっちのゴミみたいな虫欲しさに、凶暴なアリに食いつかれてまで塚を暴こうという奇人変人の類がなかなかいないため、生息状況の把握は進んでいない。

それ以前に、近年本州のエゾアカヤマアリの分布は、おそらくヒートアイランド現象などにより著しく衰退し始めている。それを受けて、この地味な甲虫も人知れず運命を共にしようとしており、アリの減少理由もあわせて早急な調査が必要だろう。しかし、もう私は信州から離れてしまった身ゆえ、自分の手で調べられないのは心残りだ。

海中に生息する昆虫というのは、世界的に見てもほとんど知られていない。しかし、海岸域に生息する昆虫というのは、想像以上に多い。常に餌となる有機物が漂着する海岸域は、昆虫たちにとって格好の住処となりえるのだ。

とはいえ、海は塩水である。ただそこにいるだけでも、浸透圧の関係で体の水分がどんどん奪われてしまう。数時間おきに水没したり干上がったりし、なおかつ気温の上げ下げも激しいこの環境に生息するのは、体長わずか数ミリメートルの昆虫類にとってはなかなか過酷である。そのため、海岸域に生息できる昆虫たちはこうした状況に耐え忍ぶ能力を持った、えりすぐりの精鋭というわけだ。

日本の甲虫類の中では、ハネカクシ科で海浜性の種が抜きん出て多い。その中でも、ウミハネカクシと呼ばれるグループは一番海際まで進出することができた連中だ。彼らは干潮時に波打ち際の岩上や砂地を走り回り、周囲にいる無抵抗な生物を襲って食べる。そして潮が満ちてくると、石下や岩の深い窪みなどに入り込み、先述のウミホソチビゴミムシなどのように水遁の術で次の干潮までやり過ごすのである。ウミハネカクシの仲間は、ほとんどが体長二―三ミリメートルのゴミクズみたいな種ばかりで、たいそう人目を引かない。しかしながら、その中で四―五ミリメートルほどもある非常に大型のものがわずかにいる（知らない人間にとっては、これでもまだゴミクズサイズかもしれない）。**ホテイウミハネカクシ** *Liparocephalus litoralis*（情報不足）は、そんな大型種のひとつだ。

　見た目は黒っぽい虫で、腹部が横に幅広い奇妙な姿をしている。この大きな腹を、七福神の布袋様に見立てて名づけられた。この虫は最初ロシアの海岸で見つかり、新種記載されたものである。日本では長らく知られていなかったが、とある気鋭の研究者が「北海道の海岸のどこかにいるのではないか」と調査した結果、見事発見された。場所は道東の漁村で、はじめは岩にこびりついたフジツボの死殻内から見つかったようだが、生息地内での個体数は多く、石の下からもたくさん得られることがわかった。ただ、生息地内での個体数は多くても、生息地そのものが本当に少ない。北海道中を股にかけて、相当徹底した生息調査が行われてきたが、それにもかかわらず今なお道東の二、三カ所でしか発見されていないのである。

ホテイウミハネカクシ

　北海道へ調査旅行に行く機会があった際、かつてこの虫が捕れたという道東の海岸へ立ち寄った。閑散とした漁村が続く海岸線は、人の少なさの割に広域にわたってコンクリートで護岸されてしまっている。しかし、わずかに護岸を免れた河口域を見つけて、その波打ち際まで下りた。蛇籠のように金網で岩を組んで固定したような海岸で、砂地に大きな石がたくさん落ちている環境だった。この場所の石を裏返すと、かなりの数のホテイウミハネカクシを見つけることができた。成虫もいるが、幼虫のほうが多く目立ち、岩の表面で何やら細い線虫のような生き物を食い漁る様が見られた。

漁村でも農村でも、人が減って過疎化が進むと、逆に自然環境は人工化していく傾向が日本中どこでも見られる。高齢者が多くなれば、野外での生活や仕事が危険かつ困難になるからだ。雨で滑って転倒する恐れがある赤土の道は、コンクリで舗装されていく。自然の海岸やため池も、安全や管理のしやすさの観点からどんどん護岸化されていく。「昔ながらの原風景が消えていく」と嘆くのは容易いが、その背景に横たわるものはあまりにも大きすぎる。

### †太陽神の盛衰

古代エジプトにおいて、フンコロガシが太陽の神として崇められたのは有名な話である。ナイル川が氾濫した後、真っ先に地表に現れて球を転がす様は、復活と再生の象徴と考えられた。そんなフンコロガシ（スカラベ）の仲間は、専門的に言えば「食糞性コガネムシ」と呼ばれるコガネムシの一群だ。呼び名が長いので、一般的には「糞虫」と呼ぶことが多い。その名の通り、動物の糞や死体など汚い物を餌とするコガネムシ類である。

糞虫は世界中に多数の種が生息しており、もちろん日本にもたくさんいる。ただし、日本ではいわゆるスカラベのように糞を球状にして転がす生態を持つ種はほとんどおらず、大抵は糞の真下に縦穴を掘って直接糞を中に引きずり込む。動物の糞に集まる虫は、他にハエやシデムシ、エンマムシなど様々な分類群のものが知られるが、虫マニアの間で慣習として糞虫と呼ばれるのは、それらの中でもコガネムシ類のみである。

糞虫は、何しろ汚いウンコにまみれて生活しているため、さぞ人気のない虫かと思いきや、実は物凄くマニアの多い超人気スターである。種により、カブトムシも裸足で逃げ出すような立派なツノを持っていたり、あるいは宝石のように煌びやかな色彩を持つものがいたりする。その美しさたるや、なぜウンコしか食わないのにこんな色になる必要があるのか、と思わずにはいられないほどだ。

他にもある特定の地域、特殊な環境でしか得られない種も多く、採集も一筋縄ではいかないところが、マニアの射幸心を煽る。これを集めるため、多くの虫マニアが様々な場所で動物、時には自分のウンコを使ってまで糞虫をおびき寄せ、採集している。日本では昔から糞虫のマニアが多かったせいで、その種の多様性は比較的よく解明されている。現在、北から南まで約一六〇種前後の糞虫が確認されているが、時々まだ新種も発見される。

　糞虫は動物の糞を餌にする関係上、動物の個体数が多く、常に一定量の新鮮な糞が提供されるような場所で多くの種が見つかる。一番確実かつ手軽に多数種の糞虫を見つけられるのは、牛馬が飼われている牧場だ。しかし、都市近郊の公園や河川敷でも、いくつかの種を見ることは容易い。犬の散歩をする人間が多いこうした場所では、しばしば飼い主が犬の糞を片付けないで放置していくため、これを糞虫たちが利用する。長野県をはじめ特定の県の河川敷にだけいるウエダエンマコガネ *Onthophagus olsoufieffi* のように、明らかに犬糞に依存して生き残っているとしか考えられないような種もいる。個人的に犬という動物が嫌いな私は、公共の場での犬の飼い主による糞の不始末にフン慨しているが、場所と場合によってはありがたく思うときもある。

　やはりそうした環境で見られる糞虫の一種クロモンマグソコガネ *Aphodius variabilis*（準絶滅危惧）は、体長六―七ミリメートル程度。長めの体型に、斑模様の翅を背負った特徴的な種である。日本各地に分布しており、牧場や河川敷といった開放的で明るい場所に生息している。多くの糞虫は暖かい時期に活動するのだが、本種を始めとするいくつかの糞虫は、初冬から早春の寒冷な時期にだけ活動する。

クロモンマグソコガネは、古くは河川敷の犬の糞などによく来ていたらしいが、近年では全国的にめざましく数を減らしてしまい、姿を見るのが難しくなった。近年野犬が少なくなったこと、昔に比べて飼っている犬の散歩マナーが向上し、糞があまり落ちていなくなったことなどが理由と思われる。ヤマトモンシデムシ同様、かつての日本に見られた「人々の衛生に関する無頓着さ」にしがみついて生きながらえてきた虫という面が強く、絶滅が危ぶまれるからといって単純に保護できるわけではないのが厄介である。

クロモンマグソコガネ

私がかつて住んでいた長野県内を流れる、とある河川敷では、古い時代にいくつかこの虫の採れた記録が残っている。一昨年、それがまだ生き残っているかどうかを確認すべく、その河川敷でトラップを仕掛けてみた。初冬のある日、なるべく繊維質のものを大量に食べる。その翌朝急いでその河川敷へと直行し、用を足す。そのブツをその場で複数に小分けし、広範囲に点々と設置する。そして二日ほど放置してから再訪し、ブツを木の枝でほじくって分解してみる。上着がないとかなり凍えるような気温だったが、それでも連日晴れていたおかげで多数の糞虫が集まってきていた。

しかし、集まっていたのはすべて普通種の、ただのマグソコガネ *A. rectus* ばかり。クロモンは一匹も見られなかった。どうしてもクロモンの姿を拝みたかった私は、その後各地で有志への聞き込みと現地探索を行い、最終的に九州のとある牧場でようやく見ることができた。

現代日本に住む糞虫たちの運命は、試練と起死回生との狭間にある。先述のように、河川敷や公園といった人間の居住区に近い環境では、社会の衛生意識の向上により動物の糞が少なくなった。牧場においては、牧場そのものの減少に加えて家畜に投与する駆虫剤の影響が脅威となりうる。家畜の体内寄生虫駆除のため、イベルメクチンという抗生物質が各地の牧場で使われるようになった。この薬効成分は家畜体内に入ると、やがて糞中に混ざって体外へ排泄されるのだが、この成分の入った糞を食べた糞虫の幼虫は死亡率が高くなるという(糞虫の種により、成分に対する感受性は異なる)。牧場において糞虫が減少すれば、大量の家畜の糞が地上に長期間残り続けることになり、ハエなどの異常発生や牧草の生育が悪くなるなどの影響も出てくるだろう。

ダイコクコガネ

こうした一方で、近年日本の山野ではシカなど特定種の野生動物が個体数を異常に増やしており、それらが大量の糞を山野に排泄する状況になっている。この状況は各方面から問題視されているのだが、少なくとも糞虫にとっては新たな生息環境へ進出するチャンスとなっている。これまで牧場の牛馬糞に依存していた大型の糞虫ダイコクコガネ *Copris ochus*（準絶滅危惧）が、牧場の減少に伴って山野のシカ糞を利用しはじめたという地域もあるらしい。ただし、糞虫の中には特定種の動物の糞のみを好んで使う種がかなりいるため、シカが増えたからといってすべての希少な糞虫たちが今後復活できるかどうかは依然不透明である。

## †川底を這う忍者

ヒメドロムシ科の甲虫は、日本産の種は最大でも四―五ミリメートル程度の小型種で構成される水生昆虫である。彼らの生息環境は、多少とも水流のある河川だ。水生昆虫なのに泳げない彼らは、常に水底の石や流木にしがみつき、それらの表面に付着した藻類を餌として生きている。

水流に巻かれて流されないように、彼らは体格のわりに大きく頑丈なツメを持つものが多い。まるで、昔の忍者が敵の城壁を登るときに使う鉄カギのようだ。体には細かな毛が

アヤスジミゾドロムシ

ヨコミゾドロムシ

密に生えており、水中では常に空気を蓄えているため、ここから水中の溶存酸素を取り入れて呼吸に使うという、ハイテクな仕組みをしている。そんなヒメドロムシの中でもひときわ巨大なツメを持つカッコイイ種が、**アヤスジミゾドロムシ** *Graphelmis shirahatai*（絶滅危惧ＩＢ類）であろう。

アヤスジミゾドロムシは体長四ミリメートル程度、体には縦のスジスジが通っており、生きている個体ならばそのスジスジは鮮やかな黄色だ。全身がくすんだ黒や茶色の種が多いこの仲間の甲虫としては、かなり派手な色彩の種といえる。体の割に脚はとても長く、まるでクモを思わせる。そしてその脚の先端には巨大なツメ。もし、この虫がせめて二センチメートル位の大きさだったら、今頃日本ではカブト・クワガタをしのぐ超人気甲虫の仲間入りだったであろう。

アヤスジミゾドロムシは、水の澄んだ河川中流域に生息し、川底に沈んだ流木にしがみついている。本種は、ヒメドロムシの中でもかなりの珍種に属し、比較的近年までほんのわずかな個体が見つかっているのみだった。現在では、本州の西南部を中心に数ヵ所で確認されている。

アヤスジミゾドロムシと同じような環境に生息する、**ヨコミゾドロムシ** *Leptelmis gracilis*（絶滅危惧Ⅱ類）という近似種もいる。こちらは体型こそアヤスジに似ているが一回りより小さく、体色は全身くすんだ灰褐色の虫だ。この虫も、少し前までは記録が非常に少なく、絶滅の危険性が高いものと見なされていた。その後の調査により、かなりあちこちで生息が確認され、実際には個体数も必ずしも少ないわけではないことが判明した。彼らはアヤスジとは異なり、流木よりは岸辺付近のヨシなどの根際に生息していることが多い。

近年、これらの生息が明らかになった西日本の産地を、専門家の方に案内してもらったことがある。大きな川の本流脇にある流れで、水底に沈んだ流木を持ち上げたその裏側に、アヤスジミゾドロムシはしがみついていた。

ちっちゃいくせに、ツメは想像以上に強力で、流木から指で引き剝がすのも一苦労だし、今度は引き剝がした虫が指にしがみつくので、これを指から引き剝がすのもまた大変である。乱暴に引っ張ると、脚が流木や指の側にツメだけ残して千切れる恐れがあるため、そっと扱わねばならない。水を張った容器に放すと、これが実に不可思議な振る舞いをするのだ。しばらく歩き回ったかと思うと、脚を突然上に突っ張らせて歩行をやめ、プカー……と水面に浮いてくる。そうかと思えば、再び水底にひとりでに沈んでまた歩き始める。

この虫は、居心地が悪くなると何らかの方法で体の空気圧を変えて浮上し、そのまま流されて別の場所へ移動するらしい。適当な所で脚のツメを川底の物体にひっかけて止まるのだろう。まるで、西部劇に出てくるころがり草みたいな奴だ。ヨコミゾドロムシも同じ場所で見られた。アヤスジに比べると派手さに欠ける種だが、滑らかな体表面と落ち着いた色彩は、古代の遺跡から出てきた土偶を思わせる上品さを備えた虫だった。

ヒメドロムシ科の甲虫は、まだまだ一部の虫マニアの間でしか取りざたされていないグループであるため、今後の調査によってさらに多くの種、新しい産地が見つかる可能性を秘めている。

## †虎の威を借る虫

トラカミキリ類は、その名の通り多くの種が黄色い地に黒い虎縞のいでたちをしたカミキリムシの仲間だ。どの種も多かれ少なかれ外見がハチに似通っており、恐らく天敵の鳥などについばまれぬようにトラの威を借りているのだろう。

かつて古《いにしえ》の名作アニメ『みなしごハッチ』でも、トラカミキリの出てくる話（にせものスズメバチ）があった。主人公のハッチがダンゴムシと結託してトラカミキリをそそのかし、宿敵スズメバチの巣内に「女王にささげる肉団子の材料たるミツバチとダンゴムシを連れ帰ったスズメバチ」のふりをさせて共に侵入し、中でさんざんいたずらして帰るという話だったと記憶している。

トラカミキリ類は、種によって好む植物はかなり変化するが、基本的に幼虫期に草本植物（竹を除く）を食べて育つ種はいないようである。種数の多さと色彩の美しさから、カミキリムシとしては比較的人気の高い部類に入るといえよう。

例えば、トラカミキリ類としては日本最大かつ美麗種のオオトラカミキリ *Xylotrechus villioni* は、モミの大木が残る自然豊かな森でないと姿を見ることすら難しく、毎年夏になるとこれを狙って多くの虫マニアがモミの大木の前で上ばかり見ている。秋になれば、ケヤキの大木の幹上を歩く赤地に黒い縞模様のアカジマトラカミキリ *Anaglyptus bella* を採った採らないという話が、インターネット上の虫マニアのブログなどで囁かれる、といった具合だ。シーズンを通じて、いつでも何らかの種のトラカミキリがどこかで発生しているため、長く付き合えるのも魅力である。

トラカミキリ類に限った話ではないが、多数種のカミキリムシを手堅く得ようと思えば、山間部にある貯木場（土場）に行くのが一番だ。山で伐採した木材を、道路際の空き地などに雑念と積み上げて置いてある場所では、本来枯れ木や倒木に集まって産卵するカミキリムシやタマムシを始めとする甲虫類、さらにそれに寄生する珍奇なハチなど、多様な昆虫たちをつぶさに観察できる。もっとも、近年ではそうした無造作な貯木場というのもなかなか見つけがたい時勢となってきたが。積んである木材が広葉樹か針葉樹かによって、集まる虫たちの顔ぶれはかなり異なる。**コトラカミキリ** *Plagionotus pulcher*（準絶滅危惧）は、広葉樹の木材にやってくるカミキリムシの一種である。

コトラカミキリ

体長一五ミリメートル前後のこのカミキリは、トラカミキリ類としては決して大騒ぎするほどの大型種とは言わないまでも、名に冠するほどの小型種でもない。極東アジアに分布し、日本では北海道、本州、四国から知られる。黒と黄色と赤が入り混ざった美しい模様を持つ種で、背面から見ると黄色い縞模様が縦書きで漢数字の「八二」と書いたように見える。成虫は盛夏前に出現し、自然状態ではクヌギなど各種広葉樹の枯れ木にやってくる。貯木場にそうした樹木の木材があれば、もちろん飛んでくる。

長野県内のとある山麓の林道脇には、ナラ類やクルミ類の木材が無造作に積まれた貯木場があり、私はそこでのみコトラカミキリを見たことがある。木材の表面を忙しくせかせか歩き回る様は、まるでゼンマイ仕掛けのオモチャのような動きで可愛らしい。しかし、一度に一カ所で見つけられる個体数は多くない。

コトラカミキリは、もともと全国的にさほど普遍的な分布をしているものではなかったようだが、最近は特に各地で減ってきていると言われる。不可解なのは、その減っている原因がよく分からないことである。土地造成などで雑木林が減ってきているからだとも言われるが、一方で似たような生態を持ち同所的に生息する他のトラカミキリ類に、本種のような急速な減り方をしているものはあまり見あたらない。

カミキリムシでは他にヨツボシカミキリ *Stenygrium quadrunotatum*（絶滅危惧ⅠB類）という種も、以前は平地の雑木林に普通にいたとされるが、近年火の消えるようにどこからもいなくなってしまい、環境省の絶滅危惧種入りとなった。やはり減った原因ははっきりせず、なんだか不気味な話である。

## 絶滅危惧種の本を出すということ

この本を書いて出版するにあたり、私にはとても心配なことがあった。こんな内容の本が売れるか、といった類のことではなく、この本を絶滅危惧種乱獲の手引書として使う手合いが現れないかということだ。

本書は、とにかく小さくて地味で（下手をすればその筋の虫マニアでさえ）名前すら聞いたことのないような種のムシを中心に扱っている。チョウやクワガタなど、マニア人口が多くてしばしば乱獲が問題になるような種については、ほとんど話題にも出さなかった。とはいえ、とにかく現代は生物・無生物の別なく、モノに対する価値観が著しく多様化している。いかなるつまらなそうな生き物に対しても、金銭的価値を見出す人間が現れるかも分からない以上、書き手としては慎重にならざるを得ない。

植物に関しては既に、「環境省のレッドリスト[*]に載った希少種」というだけの理由で、山から盗掘してきたミヤコミズのような植物さえ山野草店で売り飛ばされていたという事例が報告されている。昆虫に関しても、似たようなことが起きないとは限らない。たとえば近年水生昆虫、中でもゲンゴロウの仲間の採集・飼育が大きなブームとなった。それに伴い、大型の種を中心として（主にペット用販売を目的とした）激しい乱獲が起きてしまい、多くの種が絶滅ないしその寸前になってしまった。これに関しては、既に生息地である池や川の汚染や埋め立てといった環境破壊が下地としてあり、乱獲が直接の原因とは考えられないのだが、結果として既に壊滅的状況だった個体群に、それがとどめを刺すかたちとなった。

昔の文献を読むと、かつてゲンゴロウを含め水生昆虫の仲間は、数ある昆虫の中でもことさらマニアに人気のないはずのものだったらしい。それがなぜ、個体群の存亡に関わるほどの乱獲ブームにまで発展していったのかはよくわからない。ともあれ今では、迂闊にゲンゴロウ類に関する生息情報を表に出すと、すぐにマニアやペット業者が遠方から押しかけて採り尽くす恐れがあることから、虫に関わる人間はゲンゴロウ類の話を表だってしないようになった。結果として、今日本のどこにゲンゴロウ類の生息地があるのか、その生息地では今もちゃんと生息しているのかといった情報が人々の間で共有されなくなり、かえって保護対策を立てる上での枷になっている雰囲気である。(フチトリゲンゴロウなんて、今日本にいるのか?)

本書によって紹介された無名の分類群が、そのような形で第二、第三のゲンゴロウ化してしまうかもしれない。私自身が、不幸な絶滅危惧種を作り出し追い詰める元凶になるのではと考えると、自分で書いていて恐ろしくなってくる。

ならば書かなければいいだろうという話になるが、そういう訳にもいかない。なぜなら、絶滅危惧種が絶滅危惧種になってしまった理由の最たるものは、生き物に対する一般の人々の無理解・無関心にあると、私は考えるからだ。現在、環境省レッドリストに掲載されている昆虫類の大半は、小さくて人目を引かない種である。そして、それらの生息する主な環境は、人里近い草原や湿地、林、河原に海岸だ。こうした環境は、遊んでいる土地だから、危険だからと何かにつけ理由をつけられ、すぐに埋められたりコンクリートで固められたり、家や道路ができたりする。

町中に残された、猫の額ほどの広さの「遊んでいる」空き地が、どれほど希少な生き物たちにとっての最後の駆け込み寺的住処となっているか。海水浴客が気分を悪くするからといって、「ゴミ」として撤去される漂着海藻の下に、どれほど多くの生き物たちが住み着いているかなど、普通の人々は知るよしもない。知らないから平気で壊せるし、壊しても何の罪悪感も覚えない訳である。でも、もし仮に今目の前にある空き地が希少生物、いやこの際希少でなくてもいい、無数の生き物たちが息づいている場所であるのをあらかじめ知っていたなら、どうだろう。そこを今まさにブルドーザーで、根こそぎ地ならししようとしている様を見れば、大概の良心的な人間は「おいおい、ちょっと待て」と思うだろう。その「おいおい、ちょっと待て」が、残念ながら及ばなかった例が一つ、また一つと古《いにしえ》より蓄積し続けていった結果が、今のレッドリストの中身である。そしてさらに残念なことに、その蓄積は現在進行形で続いている。

すべての絶滅危惧種が、人間の生活や経済活動の及ばない、エルフの里のような知られざる聖域にでもいるのならば、話は容易《たやす》い。その場所を秘匿し人っ子一人近づけねば、絶滅危惧種は守られ生き続けるだろう。しかし、現実はそうではない。大概の絶滅危惧種は、人の領域のすぐ近く、あるいは只中にいる。仮に人の居住区から遠い山や森の奥、海の果てにいる絶滅危惧種であっても、酸性雨に大気や海洋の汚染、温暖化その他様々な人為的影響と無縁で生きてはいられない。だから、そうした諸々の元凶となっている人間の側が「知らずにいる」ままでは、これからも希少な生き物たちの住処は「知らずに」破壊され、数多《あまた》の「知らない」生き物たちが滅びていくだろう。そうした滅びの積み重ねが、究極的に我々人間の生活にいかなる影響を及ぼしうるのかも、我々は「知らない」というのに。

絶滅危惧種の存在を喧伝すると、それに希少価値を見出して乱獲を企む輩が沸く。しかし、まったくひた隠しにすれば、今度は誰もその生物がいることにも気づかないまま、生息地が道路やらメガソーラーやらになって潰される。絶滅危惧種に関わる人間は、この相反するジレンマの板挟みに苦慮することになる。

それでも、私は隠すスタイルよりは、一人でも多くの人々にその種の存在自体を、そして彼らの置かれている現状を知って欲しい。そういう思いにより、この本を上梓した。基本的に本書では、解説の流れの上でやむを得ない場合を除き、私が個々の絶滅危惧種に遭遇した地点がピンポイントで読者に特定できないような書き方をした。一方で「こんなに身近で何の変哲もない環境にも、絶滅危惧種は確かに存在する」ことを知って貰うために、絶滅危惧種の生息する「環境」についての情報は詳しく書いている。もし本書を見て「私もこいつらに会ってみたい」と思う奇特な読者がいるならば、私が絶滅危惧種を見つけた地点を嗅ぎつけ嗅ぎ回る努力をするのではなく、あなたが今まさに住んでいる家のすぐ側にある、その環境で探してみて欲しい。本書がそんなあなたと、地味でキモいがどこか憎めない絶滅危惧種達との出会いの指南書として役を果たすことを、私は願っている。

＊イラクサ科の草。湿った森林に生えるが、立派な花が咲くわけでもなく鑑賞的価値は低い。時に雑草と勘違いされ、駆除されることもある程の地味な草なのだが……。

# 2 チョウ目

チョウ目はチョウやガなど、鱗粉に覆われた翅を持つ昆虫の仲間である。この仲間のうちチョウに関しては、日本では古くから愛好家が多かったこともあり、種類相や生態の解明はかなり進んでいる。その反面、ガの仲間はかつて虫マニアの間でさほど人気がなく、また種数がチョウに比べてあまりにも多すぎることから敬遠されてきた経緯がある。ごく最近になり、ガの愛好家が増えてきたことから、やっと各種の生態情報が得られるようになってきた。同時に、そうしたガの中には生息環境の悪化にともない、一般に希少種として認知されているようなチョウよりもはるかに絶滅の危険性が高い種が少なくないことも判明しつつある。

翅を広げた幅がせいぜい二・五センチメートルほどしかないソトオビエダシャク *Isturgia arenacearia*（絶滅危惧ⅠB類）というガは、つくづく不遇の絶滅危惧種と言える。ユーラシア大陸の温帯域に広く分布するこのガは、しかし日本では非常に珍しい種である。

もともと国内では、長野県と神奈川県の一部でわずかな個体が見つかって以後、日本のどこからも一匹も見つからない状況が長きにわたり続いていた。そのため、ガの研究者の間では、実はこのソトオビエダシャクというガは日本に存在しないのではないか、という噂がまことしやかに囁かれるまでになったほどだ。日本にはこのガにとても近縁な別の普通種のガがいるため、おそらくこれをソトオビエダシャクと同定し間違えたのだろうと見なされるようになったのである。

ところが、八〇年代に入ってから、このガが生息しているのが再び見つかり、間違いなくユーラシア大陸の温帯域にいるソトオビエダシャクと同じものであることが確かめられたのだった。

このガが再発見されたのは、長野県のとある川の河川敷だ。この河川敷は、川べりのすぐ傍に角が取れた平べったい石が多数転がっており、またそうした環境では雑草が非常にまばらにしか生えていない。夏の日中にこうした場所をあてどなく歩き回ると、足元からパッと黄色い小さなガが飛び立つ。このガはほんの一―二メートルくらいの距離を飛んで、すぐ草むらに飛び込んで身を隠してしまう。こうしたガを目で追いかけて、飛び込んだ辺りの草葉をそっと持ち上げてみると、大抵の場合ソトオビエダシャクだったりする。

とにかく小さくて華やかさがない雰囲気だが、よく見ると細かいさざ波が翅の付け根を中心として広がるような模様をしており、本当は結構凝った柄のガであることに気づく。

このガの生活史の詳細は不明な点が多いものの、どうやら五月―九月にかけて長期間見られるらしいこと、河川敷に生える背の低いマメ科の雑草が幼虫期の餌となるらしいことまでは判明している。

ソトオビエダシャク

現在国内でソトオビエダシャクが確実に生息するエリアは長野県だけだが、その中でも定期的に洪水が起きて植物がしばしば流され、植生がリセットする環境でしか見られない。より川べりから離れたあたりに行くと、川の水位が上がっても流されることが少ない背の高いヨシが生い茂る範囲ではソトオビエダシャクはまったく発見されない。常に攪乱を受ける不安定な環境でしか、このガは生き残ることができないのだ。変化なく安定した環境下では、食草のひょろひょろしたマメ科雑草はヨシの勢いに負けてしまう。もし、自然災害防止目的での河川改修などによって、この河川敷に洪水が起きなくなったら、ソトオビエダシャクは速やかにこの河川敷から姿を消してしまうだろう。

このガの生息する河川敷は、今のところ派手な河川改修工事はなされていない半面、保護も何もされていない。これがもし蝶ならば、どうにかして皆が絶滅を防ぐ手立てを考え、精力的に保護活動を行っていくのだと思う。しかし、人間社会においてガの地位は蝶に比べて圧倒的に低いため、たとえ絶滅が危ぶまれることが分かっていても、行政や人はなかなかその保全のために動いてくれない。まして、それが見た目派手でも可愛くもない、紙屑のような種であればなおさらだろう。

最近では、治水と植生の保護双方に配慮した、多自然型護岸という工法で河川を改修する場所が少しずつ増えてきている。こうした配慮が、河川敷の微妙な環境条件でしか生きられない生き物の生息に、よい方向に働いてくれるとよいのだが。

## †二つの世界を知るもの

トンボ、ゲンゴロウなど、水中に生息する昆虫は数多《あまた》いるが、その中にガが含まれることを知る者はかなり限られるのではないだろうか。メイガ科は、小型種が中心で、莫大な種数を含むガの分類群のひとつである。人家内で穀物を食い荒らすノシメマダラメイガ *Plodia interpunctella*、イネを加害するニカメイガ *Chilo suppressalis*、畑の野菜を食い荒らすワタノメイガ *Haritalodas derogata* 等、人間にとって害虫と認識される種がいくつか目立つため、一般にはあまりイメージがよくない。

メイガ科という分類群は、最近分類体系が変更され、一部のものがツトガ科という別の科として独立した。上に挙げた四種の「メイガ」のうち、本当のメイガ科なのはノシメマダラメイガだけで、他は現在ツトガ科に含められている。そんなツトガ科に含まれるガの中に、ミズメイガ亜科というものが存在する。

ミズメイガ亜科のガは日本に四〇種以上いる仲間で、名の通り幼虫期に水中で過ごすという、チョウ目としてはすこぶる風変わりな生活史を持っている。餌は水辺の抽水植物や水草であることが多い。種によっては水田の稲や、水槽で育てている水草をだめにしてしまうので嫌がられているが、基本的には人間のあずかり知らぬ場所で、人間の害にも益にもならない植物を食べている。

その一種**カワゴケミズメイガ** *Paracymoriza vagalis*（準絶滅危惧）は、日本では九州の南部でしか見ることができない種だ。翅を広げてもせいぜい幅二センチメートル程度、遠目にはただ茶色いだけの小汚いガではあるが、よくよく見るとまるでコンピューターで作ったかのようなきわめて複雑な模様が翅に走っており、きらびやかではないながらも美しい。彼らは山間部の清らかな川のほとりに生息しており、しばしば生息地内では多産する。夜、川べりに沿って歩いていくと、ほとりの木の葉裏に何匹も止まって休むさまを見ることができる。

彼らが幼虫期の餌として利用するのは、九州南部で多く見られるカワゴケソウの仲間だ。川底の岩にべったりとこびりつくように生える平たい水生植物で、水質の良い山間部の開けた急流にだけ生えている。カワゴケミズメイガの幼虫は、水中でカワゴケソウに取りついてこれを食べつつ成長するそうだ。しかし、このガの産卵習性に関してはよく調べられておらず、メス親が水中に産卵するのか水際の草などに産むのかは定かでない。私の知人は、夜の川でこのガが川に飛び込んで潜る瞬間を見たことがあるそうで、もしそれが見間違いでないならば水中で産卵するのかもしれない。基本的にカワゴケミズメイガは、見た目はなよなよしたただの軟弱なガであり、カワゴケソウは結構水流の強い川に生育する。よくもあんな小さなガが、流されずに水中に入れるものだと思う。

カワゴケミズメイガはカワゴケソウに強く依存した生態を持つガだが、一方であきらかにカワゴケソウが付近に生育しないような場所で見つかることがある。風に巻き上げられて、遠くまで飛ばされてしまうことがあるのだろう。そうかと思えば、カワゴケソウが生えていないとされていた川の近くでこのガが見つかったのでよく調べたら、実はその川にはひっそりカワゴケソウが生えているのが見つかったという話もある。カワゴケソウの仲間はいずれも希少植物であるため、もしこの複雑なうねうね模様の小ガが川べりで見つかったら、カワゴケソウの有無もしっかり調べてみたいものである。

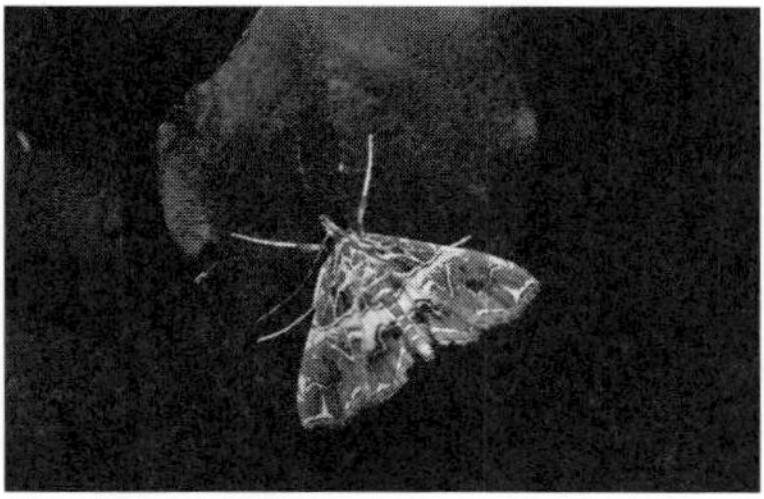
カワゴケミズメイガ

また、このガは意外と夜間灯火に飛来する性質が弱いようだ。かつて九州南部の産地たる川べりで、このガを集めるために仲間と灯火を焚いたことがある。しかし、他のガはいくらでも来るのに、カワゴケミズメイガはほんの二、三匹しか来なかった。個体数が少ない場所なのかとも思ったが、灯火の光が差し込まない真っ暗な川べりに沿いヘッドライトで照らしつつ歩いたら、行く先に生えている樹木の葉にいくらでも止まっており、驚いた。さらに下流側の、街灯が複数立ち並ぶ川べりも歩いたが、やはり街灯そのものには来ていなかった。ここでも、街灯から離れた暗所の枝葉にたくさんの個体が見られ、個体数自体はかなり多いことがわかった。

ガを調査したり採集したりする際、その手軽さから夜間灯火を焚く手段が取られる場合が多い。しかし、それだけに頼ると足元を簡単にすくわれるということを、この時思い知った。

# 3 ハエ目

通常、翅を持つ昆虫の場合、翅の枚数は二対四枚である。しかし、ハエやカ、アブなどが含まれるハエ目は、翅を一対二枚しか持たない。正確には四枚あると言えばある状態ではあるのだが、後方の一対の翅に当たるものが小さく退化しており、飛行中に体のバランスを取るための役割を担っているのだ。

数ある昆虫の中でもハエやカの仲間は、昔から不人気な分類群だ。チョウや甲虫と違い、これを愛好し調べるマニアは目に見えて少ないため、詳しい生態やその置かれている生息の状況などがはっきりと分かっていない種が目立つ。人間にとって伝染病を媒介するなど重要な害虫になる種を除き、文字通り毒にも薬にもならない大多数の種は、気づかぬうちに我々の身の回りから姿を消しつつある。

よほどの虫マニアでも、蚊を愛玩する者などそうそういないだろう。少なくとも、私は今まで生きてきて「蚊が大好き」だと公言する人間に、一人とて会ったことがない。同じ害虫でも、ゴキブリには意外と「かわいい」という人がちらほらいるのだが。外国産ゴキブリの数種のように、ペットとして販売・飼育されることも結構ある。

そんなゴキブリと違い、手に乗せて愛玩しにくく（特に幼虫）、小さすぎ、そして何より人間に直接苦痛を与える。「こんな生き物、よくペットにしようとか思いつくよな」と思いたくなるほど、ペットとして扱われる生物種が多様化した昨今でさえ、蚊がペットとして市民権を一向に得ない理由はその辺にあるような気がする。

ちなみに、私は蚊という生物自体は、犬猫などより遥かに好きである（刺されるのはイヤだが）。吸血するためだけの目的で、あれだけ形態的に美しく洗練されたつくりの生物などそうそういないと思う。かつて、マレーシアでデング出血熱に罹り死にかけた身でこういうことを言っては、まわりの顰蹙を買っている。要は、犬好きな人間がいくら犬に咬まれても犬が好きなのと同じである。

私の趣味嗜好の話はともかく、世の中で蚊は万人から愛されない。そんな中で、「国の絶滅危惧種に選定された蚊がいる」などと言っても、大概の人間にはにわかに信じられないかもしれない。

環境省のレッドリストには、吸血性の蚊が二種リストアップされている。いずれも、恐ろしいマラリアの媒介蚊として知られるハマダラカの仲間である。そのうち片方のヤツシロハマダラカ *Anopheles yatsushiroensis* は、本州と九州から知られている種で、国外では朝鮮半島や中国から知られる（ただし最近、少なくとも国外の個体群はこの種ではないという見方がなされているらしい）。平地の水田や池から発生していたらしいが、一九七〇年代を境に国内ではまったく発見されなくなり、絶滅危惧IA類というきわめて絶滅危険度の高いランクに位置づけられている。

もう片方の掲載種**オオハマハマダラカ** *A. saperoi*（準絶滅危惧）は日本固有種で、沖縄本島と石垣島、西表島から知られる。しかし、石垣島ではすでに滅び、西表島もほとんどいない状況らしく、現在確実にいるのは沖縄本島だけという。中北部の森林地帯にのみ見られ、薄暗い沢のまわりから発生する。蚊の種同定は非常に難しく、素人がぱっと見てこれがオオハマだと判断するのはほぼ不可能である。しかし、一般的にハマダラカの仲間は夜行性で、日没後に吸血活動を開始するのに対して、オオハマは日中に活動するため、沖縄のヤンバル（山原）の森で日中ハマダラカが刺しに来たら、おそらく本種である確率は高い。

今からおよそ一〇年前、国頭村《くにがみそん》のとある山林の沢筋では、日中じっとしているだけでたくさんのオオハマハマダラカが襲ってきたものだった。二〇一五年の冬、アリの調査のため沖縄本島を訪れた私は、ついでにそのオオハマのいる沢まで様子を見に行ってみた。モノレールとバスをいくつも乗り継ぎ、片道四時間半。ついでと言うにはあまりにも遠い道のりの果てに私が見たのは、予想外の光景だった。当時、鬱蒼として昼なお暗かった森が、恐ろしく開けて明るくなりすぎてしまっていたのだ。最近の台風による塩害で、森の木が大量に枯れ果てており、追い打ちをかける形で林道の拡張工事まで入っていた。

しばらく林道を歩いてみたが、蚊のいそうな環境がまるで見つからない。加えて冬の沖縄特有の低温と強風で、とても蚊が飛ぶような状況になかった。しかし、片道四時間半もかけてせっかく来た結果がボウズでは報われないので、私は影になった沢ぞいの茂みで死に物狂いで筋トレを行い、体温を上げた。その結果、五分ほど経った頃にやっと一匹だけ、オオハマが弱々しく飛んできた。私は嬉々として腕を差し出し、この過酷な状況下でわざわざ私を出迎えてくれた労をねぎらってやった。

その帰り道、麓の集落にあるバス停でバスを待っているときに、ふと目の前の売店の窓に「ヤンバルテナガコガネの密漁は犯罪」のポスターが貼られているのを見た。同じ森に住み、日本固有種で環境省の絶滅危惧種という点ではオオハマハマダラカも変わらないはずだが、きっとこの虫がヤンバルの森から消えそうになったところで、誰もこんなポスターなど作らないんだろうな、と思った。

先述の通り、環境省の昆虫版レッドリストを見ると、蚊が当然のように掲載されている。しかし、人を刺し、あまつさえ伝染病を媒介する害虫を（積極的に保護などしないまでも）わざわざ絶滅危惧種に指定している理由に関して、レッドリストでは明確に説明がなされていない。私自身も、なぜこういう蚊が絶滅危惧種に選定されているのかよく理解していないが、おそらく以下のような理由なのだろうと勝手に思っている。

オオハマハマダラカ

言わずもがな、蚊は人類にとって危険な伝染病を媒介する重要な害虫である。しかし、蚊の分類はとても難しく、外見では区別がほとんどできないほど酷似した種群がいくつか知られる。しかも悪いことに、外見で区別できないにもかかわらず、しばしばそれらは種によって人間に対する伝染病媒介能がぜんぜん違う。その地域にどんな種の蚊がいてどの種がどんな伝染病媒介能を持つのか持たないのかを把握することは、今後海外から得体の知れない病気を持った蚊が侵入してきた時、対策を立てる上で非常に大事な武器となる。

また、マラリアのように現在国内では消滅したと言われる病気も実は「野に下っている」だけで、今後何かの拍子に再び流行することがない保証はどこにもない。だから、そうした「日本で蚊を防ぐための研究」をするためには、「日本の蚊にいてもらわなければ困る」のだ。

しかし、現在日本のハマダラカの仲間は、多くの種が急速に絶滅への道を歩み始めている。都会の小さくて汚い水たまりで育つヤブ蚊(シマカ属)などと違い、清涼な沢もしくは広大な沼・水田でしか育たないハマダラカは、近年国内で急速に進む埋め立てや水質汚染の影響を受けて、各地で姿を消している。人里近い平野部では、もはや比較的丈夫なシナハマダラカ *A. sinensis* 以外ほとんど発見できない状況になりつつある。

日本本土にかつて存在したという土着マラリアは、以前はシナハマダラカが媒介したと考えられてきたが、実際には北海道から沖縄まで分布するオオツルハマダラカ *A. lesteri* が真犯人ではないかと言われるようになった。

ところが、このオオツルは現在レッドリストにこそ載らぬものの、本土からはほぼ絶滅してしまっている状態らしい。しかもこの本土産オオツルというのは、北海道・沖縄のそれとは産卵習性や幼虫の生息環境が異なり、別種の可能性も疑われている。しかし、肝心のブツが手に入らないため、その分類学的な研究は滞っている（加えて、そのタイプ標本も行方不明らしい）。分類ができなければ、これが本当にマラリアを人間にうつすのかという研究も滞る。蚊という生き物は、ある面ではよく研究されているが、ある面では全く研究が進んでいないのである。この日本国内でさえ。

我々は日常的に、「蚊なんて何のために存在してるんだ。さっさと絶滅しちまえ」と軽々しく言う。しかし、仮にもしそれが実現したとしても、それが必ずしも我々の健康かつ安全で幸せな生活に結びつくとは限らないということは、頭の片隅に入れておきたい。

## †太古の記憶を持つ羽虫

一見してハエとも蚊ともつかない、見るからにどうでもいい風貌の羽虫がハルカ科の仲間だ。されど、その歴史に目を向けたとき、大いなる地球のドラマが見えてくる。

ハルカ科の昆虫は、この広い地球上にたった三種しかいない。それも、その三種は地理的にまったく隔たった別々の場所（日本、ウスリー、北米）に隔離分布しているのである。実はこのハルカ科、はるか太古の第三紀には現在よりも多くの種が存在し、北半球の広域に分布していたらしい。この時代の北半球は比較的温暖な地域が大半を占めていたようだが、やがて第四紀に入ると地球の寒冷化が始まり、多くの生物がその場に留まって生息し続けるのが難しくなってきた。そこで、彼らはそれまで分布していた地域を離れてより南方の温暖な地域へと避難し始めた。

もちろん、ハルカ科の面々もその例に漏れない。しかし、途中に高い山脈などで行く手を阻まれた生物たちは、避難しそびれてそのまま寒冷化に巻き込まれ、死滅することになった。このようにしてハルカ科の昆虫の大多数種が死に絶えてしまった中、偶然生き延びたものの末裔が現生の三種というわけである。

日本産の種たる**ハマダラハルカ** *Haruka elegans*（情報不足）は、見た目は脚のひょろ長いただのハエじみた昆虫だが、黒地に白の斑紋が散った翅はなかなかおしゃれである。その名の通り、彼らは春先の短期間にのみ成虫が出現する。晴れた日に開けた雑木林に行くと、立木の幹上をせわしなく離着陸する虫を見ることがある。短い距離をプイッと飛んでから、爪先立ちのような体制で樹幹に止まる。そして一、二秒後またプイッと飛び立ち、また近くに止まるといった動きを繰り返す。何となく、子供のやるケンケンパの動きに似ている。これは、オスがメスを探しているときの動きである。

首尾よくメスを見つけたオスは交尾を行う。そして、メスは林内の朽ち木に産卵し、オスともども遅かれ早かれ死ぬようだ。卵から孵化した幼虫は朽ち木内に食い入り、材を食べて成長する。実際、私は長野県の標高一三〇〇メートル付近にある、倒木だらけのカラマツ植林地で、毎年この虫が多数発生する場所を知っている。

ハマダラハルカは、個体数が少ないというよりは、存在そのものの学術的価値が非常に高いという理由で希少昆虫と見なされている向きが強い。事実、本種は分布が局地的だが生息地には多産する傾向がある。中でも京都府下は、特に安定して本種の個体数が多いことで知られている（とは言っても、知る人しか知らないことである）。

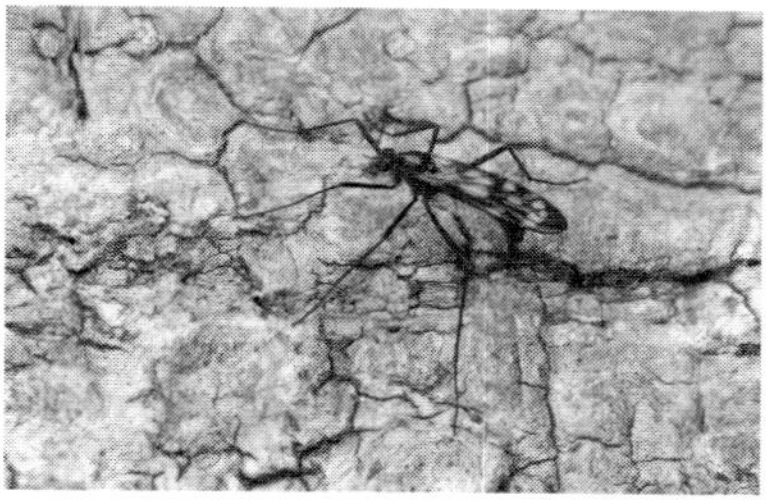
ハマダラハルカ

今からおよそ一〇年前の春、京都府内の大学でとある学会の大会が開かれた。それに参加した際、私は空き時間を使って付近の裏山を徘徊した。当時の私は関東から出た経験がほとんどなく、こうした機会でもなければ関西の土を踏みに行く機会すらなかったのだ。市街地に面した雑木林へ、暖地特有のチビクワガタ *Figulus binodulus* でも探そうと踏み込んだとき、道沿いの電柱や街路樹の幹上をやたらせわしなくピョンピョン飛び跳ねるハエらしきものが多いのが気にかかった。これが私のハマダラハルカとの最初の出会いである。

それから一〇年近くたった昨年、この本を書くために再びこの虫の姿を拝みたくなり、同じ場所を訪れた。かつてハマダラハルカを多く見たその場所周辺は、見覚えのない建物や道路がいくつもできていた。そして今まさに、雑木林のすぐ縁で道路の拡張工事が行われている最中だった。だが、その工事現場のすぐ手前に立っていた電柱に、懐かしいあの斑模様の翅を背負った奴の姿をたった一匹見つけて、ひとまず胸をなでおろした。それでもその近くにある緑地公園内の疎林地帯では、一〇年前とは比べるべくもない少なさだが、多くの個体が飛び回る様を見られた。

この緑地公園にはジョギングからピクニックまで、様々な目的で多くの人々がひっきりなしに往来していた。しかしそれらの中で、春の日差しを浴びて道脇の電柱にまとわりつく羽虫の群れを見て、太古の地球に思いをはせる人間などいるだろうか。

## †川底のハイパーメカ

見た目は脚のひょろひょろした蚊の親玉みたいな姿をしているアミカ科の昆虫は、蚊の仲間ではあるが、吸血はしない。彼らは幼虫期には水生で、なおかつ流水中の場所にしか住めない。酸欠にきわめて弱いため、よどんだ水中では生きられないのである。この傾向はブユなどでも顕著だが、アミカは特に酸欠に弱いようで、川の上流域の中でもかなり流れが速い辺りの川底にへばりつき、藻類を餌としている。激しい水流に流されないように、彼らは腹面に吸盤の付いた平べったい体をしており、その姿はまるで子供が考えた安直なロボットにも似た奇怪なものである。

そんなアミカの一種、**カニギンモンアミカ** *Neohapalothrix kanii*（絶滅危惧Ⅱ類）は、本州の限られた河川でのみ見られる珍種である。成虫はその名の通り、腹部に銀白色の美しい斑紋が並ぶ姿をしているが、そんなことは幼虫時代の姿のインパクトに比べたら大して問題ではない。まるで小判に切れ込みをたくさん入れたかのような、幅広く薄い体。先端にツメの生えた、たくさんの脚（に見えるが実際は脚ではない）。いかなる高温・低温に晒しても死なないことで有名な微生物「クマムシ」にそっくりの外見でもある。ただでさえ奇怪な姿をしたアミカ類にあって、なお奇怪な風体を晒した逸材だ。

カニギンモンアミカは、長野県の旧奈川村（現松本市）の河川で最初に見つかり、新種記載された。しかし、現在は環境の悪化によりここでは滅びてしまったそうで、県内の別の場所で産地が見つかっている。現在の旧奈川村は今なお山深く、渓谷には清らかな水が年間を通じて流れているように見えるのだが、ちょっと端から見ただけではわからないような環境変化が生じ、それに彼らは耐えられなかったようである。長野県の他、新潟県や和歌山県などで見つかっているが、産地は散発的で少ない。

ある年の夏、私は長野県内の数少ない産地のうちの一つを訪れて、この蚊の珍奇な幼虫を探そうとしたことがある。過去の文献から、ここには確実にいてしかも多いという水系の川を見つけ出し、嬉々として川に突入した。そして探したのだが、どうしたことか一匹もいないのだ。川の一番水流の強い辺りに入って、全身ビチャビチャになりつつ石を裏返しても、違う種のアミカ類がぽつぽつ見つかる程度だった。

この時期には幼虫が確実に見られる時期のはずなのに、なぜ見つからないのだろうか。やや気落ちしつつも、その場所からほんの三—四キロメートルほど下流の川沿いに移動し、そこで何となく流水中の石を拾い上げて見たら、驚いた。さっきあれほど探して一匹も見つからなかったカニギンモンアミカの幼虫が、至る所にいくつもへばりついていたのだ。手の平サイズの石の表面に、多いものでは一〇匹くらいはついていた。そして、この場所にこいつ以外の種のアミカ類は全く見つからなかった。

カニギンモンアミカの幼虫

後で調べたところ、アミカ類は河川の中流、上流とで生息する種の構成がまるで異なり、それぞれがそれぞれの領域から出ることなく生息しているらしいことがわかった。私はこのカニギンモンアミカという虫のことを、川の上流の源流に近い辺りにしかいないものと思いこんでいたが、実際にはやや中流域の、あまり水流の激しくない辺りに生息するものらしい。水を入れたアイスの空き容器に、へばりついた石ごと入れて観察すると、ゆっくり石の表面を歩き回った。腹面についた吸盤が、見るからにおかしな生き物だった。

清涼な水質の流水は、アミカ類の幼虫の成育に必須である。これからも日本の河川で、この不思議なロボット虫がささやかに生き続けていけることを願っている。

## †西の果ての脇役

日本最西端の島として知られる与那国島は、その面積の小ささの割に特異で顕著な動植物が多く生息することで知られている。昆虫に関して言えば、一番の有名どころは世界最大のガと呼ばれるヨナグニサン *Attacus atlas* であろう（もっとも、東南アジアには広く分布しているし、日本でも石垣島などで見ることができる）。クワガタマニアであれば、大型で立派な固有（亜）種ヨナグニマルバネクワガタ *Neolucanus insulicola donan* 辺りを思い浮かべるかもしれない。どちらも絶滅危惧種として（一応法律上は）保護されているが、実はこれらと同等以上に危機的な状況にある昆虫がこの島にいることは、地元でも知られていない。

その一つが**ヨナクニウォレスブユ** *Simulium yonakuniense*（絶滅危惧ⅠB類）である。

何せ、これまでこの虫が見つかっているのは世界でも台湾の蘭嶼《らんしょ》と、日本の与那国島だけ。しかも、その生息環境は悪化の一途を辿っている。

ブユ科の昆虫は、一般にはブヨ、ブトなどと呼ばれ、吸血昆虫として知られている。幼虫が清涼な流水中にしか生息しない関係上、ある程度自然度の高い環境で遭遇することが多い。時に集団で人にまとわりつき、服の中に入ってきて吸血する。蚊刺されに比べて患部の予後は悪く、一度に刺されすぎるとショック症状を起こすこともあるため、アウトドア趣味の人々からはすこぶる忌み嫌われている。そんなブユだが、全種が人の血を吸う訳ではない。ヨナクニウォレスブユは、吸血習性を持たない種とされているため、人間にとって害にも益にもならない虫ということになる。

このブユは、最初与那国島の中でも一番水量の多い一河川から見つかった。ところが、その後この河川上流において、生活用水を確保するための小ダムが建設された。この工事の影響によって、ブユの生息に好適な環境が失われ、ほぼ絶滅状態に追いやられてしまったという。この事実が文献上に最初に記されたのが一九七〇年代だが、以後誰もそこにブユを探しに行った者がおらず、これの生息状況が現在どうなっているかを把握している者が一人もいないらしい。

私は一目そのブユの生死を確認したいと思い、二〇一六年に与那国島を訪れたおりにその川に立ち寄り、探すことにした。昔の資料によれば、「ダムから上流一〇メートルまでの範囲にしか生き残っていない」とあったため、苦労してダムの上流を遡ってみた。サンゴでできた凹凸の激しい岩山をよじ登り、その隙間を流れる細流中の石を丹念に一つ一つ見ていった。しかし、ヨナクニウォレスブユはおろかブユ自体がまったく見つからない。通常、日本の河川上流域の川底の石には何らかのブユの幼虫がついているものなのだが。

その理由は、何となく予想がついた。この河川の上流から下流にかけて、全体的に在来の淡水生物の生息に悪影響を与える可能性が指摘されているグッピーが高密度で生息していたのだ。どうやら、人の手で持ち込まれたグッピーがブユの幼虫をみな食い尽くしてしまったものと思われる。

事実、この時この川で最終的に幾ばくかのブユの幼虫を確認できたのは、グッピーが入ってこられないほど水深の浅い、地下水の吹き出し口ただ一ヵ所のみで、しかもそれは他の島にもいる普通種だった。川の水質は、目に見えて悪い雰囲気ではない。また、石裏に生息するカゲロウの幼虫や防御用の巣を背負うトビケラの幼虫など、グッピーに容易に見つかってすぐ食われるとは思えない他の水生昆虫は、川の流れに沿って至る所にたくさんいる。水底の石や植物片の表面など、目立つところに付着することの多いブユの幼虫だけが見つからない。グッピーにより、与那国島のブユの生息基盤は壊滅状態になってしまっ

ヨナクニウォレスブユの幼虫

たのだ。この時は、失意のもと帰路につくこととなった。

ところが翌年、ある方からヨナクニウォレスブユの幼虫が見つかったという話を聞いた。それを確認すべく、なけなしの銭をはたいて再び与那国島へと向かった。果たして、それは見つかった。場所は、当初想定していたダムの上流ではなく下流で、水流が強くて水深が浅く、グッピーが生息できないような環境にのみ生き残っていた。

これに気をよくした私は、他に産地がないか探すべく島内の別の水系の川を二、三カ所調べた。その結果、うち一つの水系で新たに生息地を見つけることができた。ここもやはり、グッピーが生息しがたい水深と水流の川で、ここはそもそもグッピーが侵入していなかった。

だが、他の水系にはグッピーが入っていたり、地形が平坦ゆえブユの幼虫生育に必至な水流がほぼない状態だったりで、見るからに生息していない雰囲気だった。ヨナクニウォレスブユは、現状ではからくも生き続けている。今後グッピーなど外来魚の侵入にくわえて、昨今与那国島を見舞う渇水や頻発する巨大台風などの気象・気候の変化が、彼らの存続にいかなる影響をなすかが心配だ。

### †薩摩の島に散る

環境省レッドリストの昆虫版を眺めていると、本当にお上が絶滅危惧種として今後保護していく気があるのかどうかはさておき、「こんなものまで載せてるのか?!」と思わず二度見せずにはおれないような種がリストアップされている。先述のヨナクニウォレスブユなど、まさにそういった手合いの一つと言える。世界でたった二つの島にしかいないとはいえ、結局はただの羽虫、ブユである。実はもう一種、絶滅危惧種としてリストアップされているブユがいる。**サツマツノマユブユ** *Simulium satsumense*（絶滅危惧ⅠB類）だ。

九州は鹿児島県の西に浮かぶ甑島《こしきしま》列島。そのうち最も西に位置する下甑島《しもこしき》という島があるが、サツマはこの島内にある「手打」という集落から発見されている珍種だ。集落脇の水田地帯を流れる、湧き水由来の水路一本だけが生息地という。このブユが新種として記載されたのは一九七六年だが、その後このブユのいた水路は大規模な水田改良事業により、大きく環境が変わってしまった。それ以後、このブユの生きた姿を見た者は誰もいないという。二〇一二年、その筋の専門家がこの島に来て探索をしたが、発見できなかったと記された文献もある。ならば俺が再発見するしかあるまい。俄然、私の心は燃え上がった。

そこで私は二〇一五年、別に自分の専門の研究対象ですらないブユ見たさだけを動機に、下甑島へと渡った。記載論文を読んだところ、ブユが最初に見つかったのは冬だったそうで、それに合わせてあえて真冬の二月に出かけた。

島に辿り着いた私は、この下甑島という場所が想像以上に過酷な場所であることにようやく気がついた。原付を借りられる場所がない。そして、バスの本数が恐ろしく少ない。四輪が運転できず、遠方での移動手段が徒歩か公共交通機関か原付くらいしかない私にとって、移動の困難さがとにかくネックになった。

致命的だったのは、飯屋が少なく、あっても開いていないことだった。この島は、時期によっては多くの観光客が訪れるようだが、ちょうど閑散期まっただ中に行ってしまったため、食料の調達が困難になるという重大な問題に直面することとなった。たまたま行く途で見つけたスーパーで果物などを二日分ほど買いだめし、問題の手打集落近くの宿舎に直行した。そこへ荷物をブン投げると、私は宿舎の貸し自転車を借りてシャカリキにこぎ、恐らくブユがかつて採られたであろう水田地帯まで出向いたのだった。

水田地帯には、緩やかに流れる一本の水路があった。一見、環境はいい。水も綺麗だ。しかし、この水路が端から端までコンクリート三面張りになっているのに、私は若干の不安を覚えた。私は水路に下り、流れに洗われている岸辺の草の切れっ端を手に取ってみた。

まあ、いることいること。黒いゴマ粒のように、すさまじい数のブユの幼虫や蛹がびっしりとたかっていた。下甑島では過去の研究者の調査により、数種のブユが分布することが分かっている。それらの種を幼虫の状態で、肉眼で区別するのは極めて困難だが、蛹であれば種ごとに比較的特徴のある形態を示すので、区別できなくはない。

私は、片っ端から水中の草をつかみ上げてはブユの蛹をかき集め、持参した白いバットの中にぶちまけた。それを丹念に一個一個見つめて形を見ていくが、どうにも目的の種らしきものの蛹が見あたらない。サツマの蛹は、非常に細い砲弾型をしている。しかし、私がこの水路を広範囲に調べて得た蛹は、すべて平べったいカブトガニ型の殻で覆われたものだった。これは、日本各地に広く見られるド普通種、ウチダツノマユブユ *S. uchidai* のものである。この水田地帯のどこを探しても、このウチダしか採れないのだ。

水路に沿って上流に向かうと、川幅が細くなり流れも速くなっていく。この辺りになると川岸は護岸されておらず、自然な雰囲気の川になるのだが、ここで探してもダメだ。ブユの仲間は種により、かなり厳密に生息河川の水流の強さをえり好みする。サツマツノマユブユは、傾斜が緩やかで流れが弱い流水中にしか生息できない。急峻な地形ばかりの下甑島において、手打の水田地帯は奇跡的に地形が平坦で、なおかつ清涼な水がゆっくり流れているという希有な条件を満たした場所だったのだ。そこがピンポイントで人為改変さ

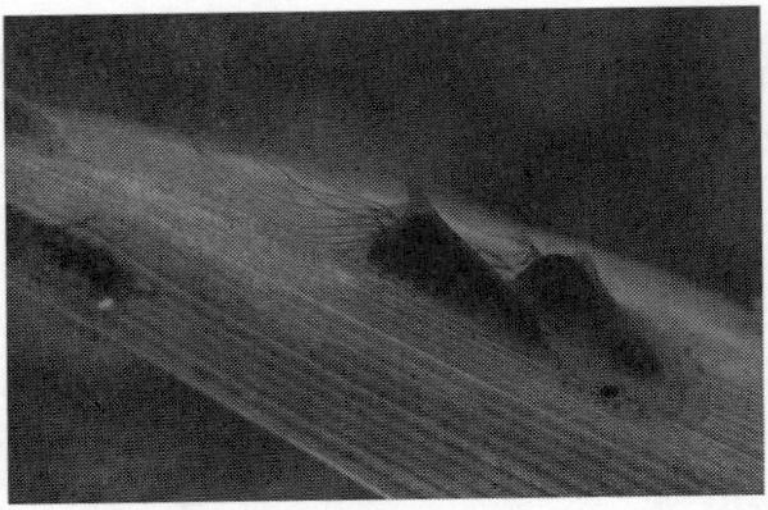

ウチダツノマユブユの蛹

手打の水田を流れる用水路

れてしまったため、サツマはいなくなってしまった。

サツマだけでなく、文献上いるとされる他種のブユも見つからず、ウチダ一種のみの独壇場となってしまっていた。ウチダはブユの中では比較的環境汚染に強く、最後まで生き残ったわけである。寒い中、川遊びをして目的のものは結局得られず、この時は失意のもとに島を後にすることとなった。

翌年の冬、性懲りもなく私はもう一度下甑島を訪れた。最初の発見地たる手打集落で探索しても実りがなさそうなので、見切りをつけて今回は別の場所を探すことにした。あらかじめ地形図を吟味し、この島内で平坦な場所を流れる川がどこか他にないか探しておいた。その結果、かろうじて一カ所のみ、ごく狭いながらその条件を満たす場所があったのだ。

手打集落の北西よりの海辺にある、浜田地区である。そこへ辿り着くのは大変だった。周囲に民家はまばらで、バスも途中までしか通っていない。しかし、人の気配が少ない場所ならば、おそらく川は護岸されていないはずだし、水質も汚染されていないに違いない。この島でサツマがまだ生き残っているとするならば、一番可能性の高い場所だと踏んだのだ。バスの終点地点からかなりの距離を歩き、私はようやくその海辺にほど近いポイントへと到達した。

そこは広い草原地帯で、幅一メートル、深さ数十センチメートルほどの流れが通っており、海へとそのまま注いでいる立地だった。水は澄み切っており、もちろん護岸はされていない。流れに洗われた草葉には、無数のブユがついているのも見えた。そこで私は二時間くらいかけて、何度も川底の草をすくい上げてはそこについているブユの蛹の形を確認していった。粘りに粘った。だが、ここでも見つかるのはすべてウチダの蛹のみだった。サツマはとうとう発見できなかったのだ。

絶対ここならばいけると思ったのに。ただでさえ平坦地のないこの島、ここで発見できなかったとなれば、いよいよサツマの再発見は難しくなった。いっそ、隣の上甑、中甑で探した方が、まだ可能性がありそうな気がするが……。サツマツノマユブユは、本当にこの世から消えてしまったのだろうか。

### †裏山の顔なじみ

クサアブ科は、およそ人間の生活とは関係ないような虫の筆頭であろう。日本からは数種が知られる程度のアブの仲間で、初夏に成虫になる種が多い。成虫は比較的大型のアブだが、人間を吸血したりはしない。そもそも、おそらく餌らしきものはとらないと思われる。他方、幼虫期は地中性の無骨なウジで、他の昆虫を襲って食うと言われている。

しかし、どの種も人間にとって公衆衛生上重要な虫とはみなされていないことから、あまり積極的に関心を持たれていない。つまり、生態がよくわからない仲間なのだ。ハエや蚊、アブの仲間は、人間に直接利害があるかないかにより、種間でその生態解明度に雲泥の差がある。そうした事情から、この仲間の昆虫に関して現時点で多くのページを割くほどの内容はない。

**ネグロクサアブ** *Coenomyia basalis*（情報不足）は、日本のクサアブ科では一番大きな部類に入り、三―四センチメートルほどある。成虫は、雌雄で外見がかなり異なり、メスは地色が赤茶色だがオスは黒っぽい。いずれも、腹部に白っぽい紋をいくつか持つ。成虫は五、六月、比較的自然度の高い森林で見かける。幼虫は朽ち木から見つかっており、またメス成虫が地面に産卵しているさまが確認されていることからも考えて、適度に湿った腐葉土や朽ち木内が発生源と見なしてよいだろう。

長野県の松本市街近郊にある山の雑木林では、六月に小路を適当にほっつき歩くだけでも、林内もしくは林縁部の草むらでかなりの数のネグロクサアブを見かけたものだった。オスもメスも、まるでハンミョウのようにちょっと飛びたち、数メートル先に着地すると再びちょっと飛びたち、という動きを繰り返していた。おそらく、繁殖相手ないし産卵場所を求めているのだろう。二〇〇一年から数年の間、松本の雑木林でネグロクサアブは決してまれな存在ではなかった。希少昆虫というよりは、いつも森で出会う顔なじみといった印象があった。

しかし、二〇一〇年を過ぎたあたりから、見かける数がかなり少なくなってきたように思う。ここの裏山に限って言え

ネグロクサアブ

ば、近年シカの増加に伴う下草の食いつくしが顕著になり始めた。地面も連日多くのシカに踏み固められて、次第に土地がやせ始めている。林床の乾燥化が進めば、おそらく湿潤な環境を好むであろうこの虫の幼虫が成育できる場所がなくなっていく。

明らかに移動分散能力の低い虫であるため、現在の産地が悪化しても他所へ逃げのびるのが難しいことが不安材料だ。しかし、生態があまりよくわかっていない虫なので、保護対策も立てづらい。それ以前に、そもそもこんな虫を保護しようなどという運動が起こりえるのかという問題もあるが。

二〇一五年の六月初頭、所用で松本を訪れた際に、私は裏山で久々におびただしい数のネグロクサアブを見た。まるでスズメバチのように低空をブンブン飛び回っては、道脇の落ち葉が吹き溜まった場所に下りて中に潜ろうとしていたのが印象的だった。

## †密かなる蚊トンボ

ガガンボは俗に「蚊トンボ」と呼ばれる、大きくてひょろ長い脚を持つ蚊の仲間の総称である。一般的に我々の目に触れる機会のあるガガンボは、その名の通りガガンボ科というグループに属する面々である場合が多い。しかし、大きくてひょろ長い脚を持つ蚊の仲間は、ガガンボダマシ科やコシボソガガンボ科、ニセヒメガガンボ科など、必ずしも親戚関係にあるとは言えない複数の分類群にまたがって存在する。それらはいずれも、幼虫期に農作物を加害する一部の種を除けば、ほとんどが直接我々の生活に対して害も益もなさない種ばかりだ。

もちろん、本物の蚊ではないから成虫は吸血もせず、せいぜい花の蜜や葉についた露を舐める程度である。しかし、そんなことはお構いなしに、家の中に大きな蚊のような虫が入り込んできたら、大概の人間は問答無用で叩き潰すだろう。

ニセヒメガガンボ科の昆虫は、日本では**エサキニセヒメガガンボ** *Protanyderus esakii* とアルプスニセヒメガガンボ *P.alexanderi*（ともに情報不足）の二種のみ知られており、いずれも自然の豊かな場所で見られる。前者は本州から九州、後者は本州の北寄りの地域でのみ見出されている。いずれも「蚊トンボ」としては比較的小型種で、翅には複雑な褐色の模様が走っているので、見ればすぐにそれとわかる。夏の夜、成虫は灯りに飛んでくることがあるが、それ以外の方法で姿を見るのは難しい。また、幼虫期は河川の水底に住むことまではわかっているものの、その詳しい暮らしぶりはほとんど研究されていないに等しい。

少なくとも現時点で言えることは、かならず水中で生活する時期を持つゆえ、河川改修や極端な水質汚濁がこの虫の生息にとって脅威であろうということだ。また、河川の周囲

エサキニセヒメガガンボ

に人工的な照明を設置しすぎると、成虫が川から誘引されてそこに飛んでいってしまい、その多くがもとの生息環境へ戻れずその場で死ぬため、街灯の過剰な設置もあまり好ましくないと思われる。

熊本県のとある奥深い山中に、アリの巣をほじりに行ったことがある。福岡の街中から自家用車で、ほぼノンストップで行っても半日以上かかるほど遠い場所だ。当然、近隣にホテルも旅館もないため、傾斜のきつい山腹に作られた狭い駐車場で野宿することになる。硬いアスファルトの地面にマットを敷き、満点の星空を眺めて仰向けになると、遠くからヤイロチョウやコノハズクの声が響く。駐車場脇には小さな公衆便所の小屋があり、夜間はずっと電灯がついている。

夜中にもよおして起き上がり、便所へ行ったとき、その白く照らされた壁面に見慣れない蚊トンボが止まっているのに気づいた。これが、初めて見るエサキニセヒメガガンボだった。小さいながら、幾何学的な模様を刻んだ翅を広げ、じっと動かずにいるその姿は妙に記憶に残っている。

翌朝になっても同じ場所に止まっていたが、指でつついたらすぐに飛び立ち、そのまま弱々しく羽ばたいてどこかへ行ってしまった。この駐車場は眼下に深い谷を望み、谷底は川幅の広い渓流になっている。恐らくここで発生した個体が、風で吹き上げられてきたのだろう。奴は、無事にもといた川まで飛んで帰っただろうか。

### †消えゆく能登の金貸し

非常に多数の種を含み、その多くは体長一センチメートル内外のハエの仲間であるニクバエ科。例外もあるが、ほとんどの種は灰色の胴体をもち、背中に三本の黒い線を背負う。名前の通り彼らは腐った有機物、特に動物質のものを好み、田舎では部屋の窓を開けておくとしばしば家に入ってくる。そんなハエの仲間で、**ゴヘイニクバエ** *Sarcophila japonica*（絶滅危惧Ⅱ類）という種がいる。外見は体長五—六ミリメートルの、全身灰褐色で目立たないただのハエ。大きく拡大して見ると、光の当たる角度によって腹部に三角の模様が浮き出るが、顕著な模様や色彩をしているわけでもない。言ってみるならば、特徴がないことが特徴である。

しかし、名のゴヘイとは、江戸時代に加賀藩、つまり現在の石川県で絶大な影響力を誇った商人、銭屋五兵衛を表している。ゴヘイニクバエが最初に発見された場所が石川県だったため、当時のハエの分類学者が土地の偉人にあやかって名づけたのだ。そう考えると、ハエとはいえとても由緒正しい昆虫に思えてくるから不思議である。

ゴヘイニクバエは海岸性で、主に本州北陸から九州にかけての日本海側の海岸にのみ局所的に分布する。海岸ならばどこにでも住めるというわけではなく、人の手で護岸されておらず一定の広さを持つ砂浜や砂丘にしか生息しない。波打ち際近くでは見かけず、陸側で直接波を被らない、背丈の低い植物がまばらに生えているあたりに見られる。これまで知られている産地は、どこもある程度の規模で植物群落が広がっているような環境のため、植物が生えていることが本種の生息に必須であるように思える。

ゴヘイニクバエ

成虫はいかにもハエらしく、腐ったものに集まる習性をもつ。しかし、幼虫に関しては野外での発見例をいまだ聞かず、したがって幼虫期の生態も不明である。ニクバエ科には、他の昆虫の体に寄生したり、ハチの巣に卵を産みつけて餌を乗っ取る種がいくつも知られている。そのため、おそらくゴヘイニクバエの幼虫期の餌は、同様に海岸砂丘に局所的に生息する何らかの生き物である可能性が高いように思える。そうでなければ、魚や海鳥の死骸がコンスタントに漂着するこの島国の中でもごく限られた範囲にしか分布しないことへの説明がつかないだろう。

本種はかつて北陸の海岸でのみ見つかっていたが、調査が進むにつれて九州北部まで分布していることがわかってきた。しかし、その分布は連続的ではなく、しかも近年進む自然海岸の埋め立てにより、生息範囲は縮小していると考えられる。そんな中でも、九州北部にはまだ護岸化されていない砂浜がけっこうある。

とある春先の晴天日に、その砂浜へ訪れてみた。幅約一〇〇メートル、長さ数キロメートルにもわたる広い砂浜には、コウボウムギなど各種の海浜植物がわずかに生えている。その中を歩きながら、足元から飛び立つ小さなハエの挙動を窺った。海岸にはもともとハエが種数・個体数ともに多く、パッと飛んでしまうと種の判別がつかない。その中でも、とにかく外見にこれといった特徴がないものを見出していくと、やがてゴヘイニクバエに突き当たった。足元から飛ぶと、周囲をめまぐるしく飛んだ後で手近な草葉に止まった。しかし、落ち着きのないハエで、数秒しか同じ場所に留まっておらず、観察には骨が折れた。

## †アリの巣より生まれし黄金

ハナアブ科は、名前の通り多くの種が花から花へと訪れて蜜を吸って回る虫の仲間である。しかし、名前はアブでも分類学上はハエの仲間であることは、あまり世間では知られていない。世の大概の人間にとって、アブとハエの違いなどどうでもいいことであろうが……。

そんなハナアブ科の中に、アリスアブと呼ばれる不思議なグループのものが知られる。成虫は黒目がちの大きな複眼を持ち、外見が何らかのハチに似た雰囲気のものが多い。この虫の生活史は、とても変わっている。

まず、交尾を済ませたメスの成虫は、アリの巣の周辺地面にいくつか産卵する。孵化した幼虫は、おそらく自力でアリの巣内に入り込み、その後巣部屋に確保されたアリの幼虫を見つけ出して喰らう。アリスアブ類の幼虫は円盤型をしており、サイズもアリより遥かに大柄だ。この体でアリの幼虫に乗りかかり、鋭い口器で相手の皮膚を破いて中身を吸うのである。その、あまりにも昆虫離れした奇観ゆえ、古くはこの生き物がハエの幼虫だなどと誰も気づかず、ナメクジの一種として記載されたらしい。

だいたい一年、場合によりそれ以上の年月をかけて成長した幼虫は、アリの巣内で蛹となる。アリスアブ類の幼虫と蛹は、体表にアリのコロニー臭をまとうらしく、巣内のアリたちからはその存在を疑われたりしない。しかし、蛹から羽化した途端、コロニー臭のバリアが解けてしまうため、成虫はまわりのアリに気づかれて襲われる前に急いで巣外へ脱出を図るのである。

アリスアブ類は日本国内だけで二〇種程度の存在がわかっているものの、まだ学術的に記載がなされていない種、つまり名前のついていない種が多い。蚊やハエ、アブなど昆虫の分類においては、たいていオスの生殖器の形態の違いが種を分けるキーとなる。ところが、アリスアブの仲間は生殖器の形態に種間差が見出しにくく、種の境目を見定めがたいようだ。そのため、腹部の模様や寄生するアリの種といった生態情報に基づき、便宜的に種を分けているのが現状だ。

ケンランアリスアブ *Microdon katsurai*（絶滅危惧Ⅱ類）は、日本産アリスアブとしては比較的最近になって名前がついた種である。体長二センチメートル弱、日本産アリスアブとしては大型の本種は、驚くことに全身が金ピカに輝く。見る角度によって少し緑がかって見えることもあり、とても美しい。似たような風貌の近似種は、少なくとも国内からは知られていない。そこまで顕著で見間違えようのないような種でさえ、最近まで正式な名が与えられていなかった未確認生物だったのだ。

アリスアブの仲間は、寄主アリ種に対してとても強い特異性を示し、おおむね種ごとに寄生先のアリ種は異なる。そして、他の関係ないアリ種の巣内では決して生存できない。ケンランアリスアブもその例に漏れず、森林の樹洞に営巣するトゲアリ *Polyrhachis lamellidens* だけが寄主として選ばれる。国内においてトゲアリの生息域は、局所的ながらも本州から九州、屋久島にいたるまで広域に分布している。

ところが、どういうわけかケンランアリスアブのほうはトゲアリ以上に局所的・分断的な分布を示しており、いくらトゲアリが多く生息するエリアで探しても発見できないことが多い。今まで得られている生息記録を見ると、比較的日本海側の気候要素を持つ地域で見つかった記録が多い印象を受ける。単に寄主アリの存在有無だけではなく、地理・気候その他の要因が多分に本種の現在の分布に影響をなしているようで、本種の分布様式に関してはなかなか単純ではない。くわえてトゲアリが近年、各地で数を減らしているのに伴い、ケンランアリスアブも減っているという見方がなされている。

ケンランアリスアブ

私は関東と関西の二ヵ所で、この美しいハエを観察する機会に恵まれている。六月半ばの梅雨の合間、ヤブ蚊の猛攻に耐えつつ薄暗い雑木林に分け入る。そして、トゲアリが営巣する大木の樹洞の前で体育座りして待つ。すると、名実ともに金色をした丸い物体が、どこからともなくフッと飛んできて、樹洞の脇に止まるのだ。しばらくすると、そいつはまたフッと飛び立ち、姿を消してしまう。こういう動きをするのはたいていオスの個体だ。オスは林内にある複数のトゲアリの巣を定期的に巡回し、やがて羽化してアリの巣から出てくるメスを探しているのである。初夏の日差しを浴び、光り輝くその身をひるがえして出現と失踪を繰り返す彼らのさまをぼうっと見ていると、無性に胡蝶の夢という言葉を思い出す。

## 虫マニアの功罪1

この一〇年くらいの間に、日本各地で昆虫採集を法律・条例などで禁じる動きが急速に進んだ。特に、多種多様な虫が生息し、虫マニアにとって聖地に等しい南西諸島においては、その傾向が顕著である。内地に住む虫マニアなら、誰しも一度は南西諸島へ虫を採りに行きたいと思う。かくいう私も幼い頃、沖縄どころか関東一円からさえ旅行で連れ出してくれないケチな両親に業を煮やし、どうにか一人で沖縄に行けないものかと三日三晩考えあぐねたクチである。そんな聖地たる南西諸島が今、全力で我々虫マニアを締め出しにかかっている。

その理由はいくつか考えられる。例えば奄美・沖縄が世界自然遺産への登録を目指す運動を展開しているように、島嶼域に住む人々のなかで自然保護への関心がにわかに高まりつつあることが挙げられるだろう。南西諸島には、長い年月の中で成立してきた特有の自然環境が今も残されている。これを観光資源ととらえ、エコツーリズムを前面に押し出していけば、島の産業も潤う。ゆえにそんな島の人々にとって、島の外からやってきて自然の中にいる虫を捕まえる輩など、環境破壊の権化どころか商売道具の盗人でしかないわけだ（一方で、島の人々にとって貴重な収入源である観光施設の建設、道路工事のための森林伐採は黙認され、結果として希少種・普通種の別なく虫の生息地そのものが失われ続けているのが現状だが……)。しかしそれ以上に、虫マニア自身が引き起こした、昆虫採集に対する地元住民の感情悪化の方が大きな要因であろうと、私は考える。

南西諸島に限らず、虫マニアが自身の目的たる虫を採るために、出先のフィールドでしばしばモラルに欠けた行動に走るケースがある。クワガタを採るために餌の腐った果物をストッキングなどに入れて木にくくりつけ、それを片づけず放置して帰る。樹液を無理矢理出させるため、あるいは樹皮のくぼみに隠れたクワガタをほじくり出すため、ナタなどで生木の幹を平気で傷つける。朽ち木や崖の土中で冬眠している甲虫を採るため、朽ち木を大規模に破壊したり崖を掘り崩したまま埋め戻さずに帰る、といった事例があることは、よく話に聞く。

私が一三年間住んだ長野県も、かつては虫マニアのメッカとして知られていた(そして今も他県の虫マニアはそうだと思っている)。日本の全都道府県中、土着するチョウの種数が最多なこの県には、古《いにしえ》より多くのチョウマニアが他県からやってくる。彼らの多くは純粋に虫を愛する善良な人々だ(と信じたい)が、中には「珍しいチョウを採りたい」という己が欲望を叶えんがため、にわかに信じがたい行為に及ぶ輩がおり、私は実際にその様を目の当たりにしてきた。例えば、とある珍チョウの幼虫は幼虫期に樹上ですごすが、蛹化の際には地面に降りて周囲の落ち葉や木端《こっぱ》の裏に取りつく。そのため、蛹化時期にそのチョウの発生木の根元に板切れを置いておくと、降りてきた幼虫をそこに誘導して簡単に蛹を得られるのだが、私の当時の家のそばにあったそのチョウの生息地で、とんでもないものを見たことがある。発生木の根元に、無数の板切れと共に、墓の卒塔婆が乱雑に置かれていたのだ。そこは普通の人間はまず立ち入らないヤブの中、しかも周りに同じような木はたくさん生えているのに、ピンポイントでチョウの発生木の根元だけを選んでそれらが置かれていた。よそから来たチョウマニアが、どこからか持ってきた板切れのみならず、近くにある墓場の卒塔婆まで引っこ抜いてきて置いたのは疑いようもなかった。バチ当たりにもほどがある。

このほか、珍チョウの発生時期に他県ナンバーのチョウマニアの車が発生地の山道に集結して青空駐車し、地元民の交通を妨げる様もよく見た。こういう場合、先に現地に到着したマニアが後続のマニアの到来を嫌がり、わざと道を塞ぐような車の止め方をするのである。しかも、経験上こういう意地汚い子供みたいな真似をするのは、中高年の虫マニアであることが多い。同じ虫マニアである私でさえ見ていて不快なのだから、一般の人々の目にはどう映るだろうか。

台風により、外国産の珍しいチョウが南西諸島に飛ばされてくる年が稀にあるが、こういう年には内地から少なくない虫マニアがやってくる。彼らの中にはチョウを夢中になって追いかけるあまり、民家の庭や畑に無断で踏み込んでトラブルを起こす者もいる。こうした事例の積み重ねにより、多くの一般人が虫マニアという連中を単なる「虫ばかり集めている、怪しい奴ら」から、次第に「自然を破壊するばかりか人々の生活に実害を及ぼす社会悪」へと、認識を改めつつあるのだ。実際、すでに鹿児島県十島《としま》村の吐噶喇《とから》列島や東京都の御蔵島《みくら》では、昆虫採集が全面的に禁止になってしまっているが、これは過去の虫マニア（主にクワガタ目当て）が地元民に対して行った、数々の非常識な振る舞いに端を発している。

昆虫採集を禁止する法律や条例は、一度制定されると解除されることはないのが普通だ。各地の自治体などがごく最近制定したこの手の決まりごとを見ていくと、中には横暴じみた理由で制定されたものもなくはないが、たいていの場合は過去の虫マニアの好き勝手な振る舞いの結果、自然保護と地域の住民感情を考慮して、やむを得ず作られたものと考えてよい。そうした振る舞いの結果、悪さをした虫マニアだけが割を食うのならともかく、これによって未来の自然科学を背負って立つ子供たちからも、自由に虫を採る楽しみを奪うことになるということを、すべての虫マニアは自覚すべきである。遠くに虫を採りに行く際、そこは地域の人々の生活の土地であるということは常に頭に入

――れておかねばならない。先人の言葉を借りるなら、地域の人に嫌われたら、それはそこに住むすべての虫に嫌われたも同然である。

# 4 カメムシ目

セミ、アブラムシ、カメムシなどを含むこの仲間は、針のように細い口吻《こうふん》を持っている。これを使い、ある種は植物から汁を吸い、またある種は他の昆虫や動物から吸血して生きている。カメムシと言うと、悪臭を放つとか農作物の害虫であるなどの理由により、大抵の人は嫌っているであろう。しかし、それだけがカメムシのすべてではない。カメムシは樹上から地上、はては池に川に海にと、種により多彩な環境へと進出しており、その姿形も暮らしぶりもバリエーション豊かで興味深い昆虫である。水面に浮かぶアメンボ、水中に住むミズカマキリなどもれっきとしたカメムシの仲間なのだ。

しかしそんな彼らも種によっては、迫り来る環境変化にともない近年急速に姿を見られなくなりつつある。特に水辺や海辺に生息する仲間では、その傾向が顕著に思える。

## †影なるスケーター

水面を軽やかに滑走するアメンボは、誰でも一度は見たことがあるだろう。水質汚染で他の水生昆虫の大半が一掃されてしまった都市部の公園の池などでも、何とか姿を見ることができる。彼らは水面に表面張力で浮かびつつ、他の虫が水面に墜落してくるのを待ち構えている。いざ獲物が落ちてくれれば、それが水面で暴れる波紋を感知して素早く接近し、捕らえて、針状の口吻を突き刺して中身を吸いつくす。意外に獰猛な虫なのだ。

水面の波紋に反応して接近する習性を利用して、細いわらクズの先端で水面を叩き、アメンボを呼び寄せることができる。幼い頃、小学校の裏の薄暗い池で一人わらクズ片手に水面をつつき、アメンボを手元にうじゃうじゃ呼び集めて悦に浸るという、陰気な遊びで休み時間を潰したものである。

意外に知らない人もいるが、アメンボはカメムシの仲間である。カメムシだから、当然匂いを出す。捕まえて指で摘むと、飴のような匂いを出す（この飴というのは砂糖を煮詰めて作った昔の飴を指し、昨今の子供が好むイチゴ味やメロン味などの飴とは違う）ことからその名がついたとされる。

しばしばアメンボはミズスマシと混同され、特に地方へ行くと高齢者の中にはアメンボのことをミズスマシと呼ぶ人がいたりする。今の日本では本物のミズスマシ類はアメンボより遥かに希少なため、「そこの池にミズスマシがようけおった」などと言われて喜び勇んで見に行ったら、アメンボしかいなくてがっかりすることも多い。

とはいえ、アメンボの仲間も全部が全部普通種というわけではない。三〇種弱いる日本産アメンボ類中、七種が環境省レッド入りしている。これら希少種は、どれも狭い島嶼域、植物の豊富な湿地、はては海と川の狭間にある汽水域など、特殊な環境に依存して生きているものたちである。都市部の公園にもいる普通のアメンボは、環境が悪くなればすぐそこから飛び立ち、別の場所に避難することができる。しかし、希少なアメンボは今いる場所がだめになっても、周囲に生息可能な代用生息地がないケースが多く、逃げられずにそのまま絶えてしまうようだ。ことに、先述のような希少種の住む環境は、近年の開発によって悪化の一途を辿るばかりである。

そんな希少なアメンボの一つ、**エサキアメンボ** *Limnoporus esakii*（準絶滅危惧）は、体長一センチメートル弱の小型種だ。体格は細身で、胴体の両側にひときわ目立つ銀白色の帯を持つ、清楚な種である。触角はすらっと長いが、体格の割にやや短足。体のプロポーションの取れてなさ加減が愛らしい。触角の一番先端の節は、他の節に比べて長いが、これは本種を他のアメンボと外見で区別する特徴の一つである。

エサキアメンボの生息環境は、ヨシやスゲなど抽水植物の繁茂する湿原や沼だ。彼らは普通のアメンボとは違い、真上に遮るものがない開けた水面に出てくることを極端に嫌がる。いつも、植物が茂ってゴミゴミした感じの、狭苦しい草間の水面にじっとしている。短い脚は、遮蔽的で障害物の多い水面で行動するのに都合がいいのだろう。

似たような環境に住む**ババアメンボ** *Gerris babai*（準絶滅危惧）も、希少種のひとつである。体長はやや小さく八―九ミリメートルほど。水田やそこらの水溜りによくいる普通種のヒメアメンボ *G. latiabdominalis* にそっくりだが、オスの腹部先端よりの節にUの字型の切れ込みがあることなどで区別する。また、翅は光の当り加減により、メタリックな青に輝いて見える。エサキ同様に抽水植物の多い湿原などに好んで生息するが、エサキほど狭苦しい水面を好まず、草の多いエリアと開放的エリアの境目くらいのところに多く見られる。また、エサキのほうは若干動きがトロい感じだが、ババのほうはかなり俊敏で、野外での観察はけっこう骨が折れる。

ちなみに、彼らの和名のエサキとかババというのは、日本を代表するいにしえの昆虫学者・江崎悌三《えさきていぞう》と馬場金太郎からとったものである。

私は西日本でこれらアメンボを探したことがあるが、いずれも発見が容易でなく、特にエサキの発見には大変な労を費やした。当時私が住んでいた福岡県では数カ所から記録が出ているものの、そのすべてが環境悪化で壊滅状態か、生き残っていたとしてもただ姿を見たい、撮影したい程度の理由では絶対入らせてくれないような保護区にしか生き残っていないのだ。そのため、虫が生息していてなおかつ多少は自由に立ち入れる場所を求めて、日本各地でかなりの行脚をするはめになった。

最終的にたどり着いたのが、中国地方のとあるため池の脇にある、放棄された水田だった。ここはアメリカザリガニが大繁殖しているばかりか、水面に油膜が浮いているという、アメンボの生息には劣悪な環境だった（油膜に覆われた水面では、アメンボは表面張力が効かなくなり沈んでしまう）。

エサキアメンボ

ババアメンボ

しかし、ここでは成虫から幼虫まで、おびただしい数のエサキを見ることができたのだった。草を掻き分けると、エサキは驚いてそこから逃げ出そうとするが、草を分けたときに跳ねた小さなクモやウンカがたまたま目の前に落ちると、逃げる最中だというのにその場でこれを捕まえ、立ち止まって食事し始めるのだ。こんなゆるい性格で、よく野外で生き残ってこられたものである。いや、こんなだから絶滅危惧種になっているのかもしれないが。

彼らを見た休耕田は、草が生い茂りすぎて乾燥化が進んでいるようで、水深はごく浅い上に水で覆われたエリアは非常に狭かった。今はまだ大丈夫だが、あと数年も経てば水が完全に干上がるだろう。その時、彼らはどこに行くのだろうか。

## †ジャングルを行く飛翔物体

日本で一番巨大なアメンボは、本州から九州にかけて生息するオオアメンボ *Aquarius elongatus* という種である。少し田舎のほうへ行かないと見られない種で、山間部の薄暗い池に住んでいる。体サイズもそれなりに大きいが、脚が非常に長く、視界に入ったときにいたずらに巨大に見える虫である。では、二番目に大きなアメンボは何かと言えば、それこそが本項の主役**トゲアシアメンボ** *Limnometra femorata*（絶滅危惧Ⅱ類）だ。

トゲアシアメンボは、台湾やフィリピンなど東南アジア諸国に分布する種だが、日本ではきわめて珍しく、最西端の小島たる与那国島にしか分布しない。そしてこの与那国島が、本種の分布北限にあたる。黒っぽい種が多い日本産アメンボ類にあってその体は赤く、黄色い筋の模様が通っている。脚も、本土のアメンボ類にありがちな黒一色ではなく、白い斑が入っていてなかなかおしゃれだ。オスとメスとでは、体格に著しい差があり、オスのほうが体長も脚の長さも長い(オオアメンボも同様)。最大の特徴は、オスの中脚のタイ節先端にある小さなトゲ。トゲアシの名の由来だが、これがある理由はよくわからない。

トゲアシアメンボ

　トゲアシアメンボは、薄暗いジャングル内に点在する小規模な水溜りに生息している。身に迫る危険がない限り、置物のようにピタッと水面に静止して動かない。しかし、いざ人がそこへ近づこうとすると、状況が変わる。逃げるには逃げるのだが、驚いたことに他のアメンボ類のように水面を滑走して逃げるのではなく、いきなり水面からポーンとジャンプするのだ。そして翅を開いて飛んでいき、近くの木の葉上に止まって敵をやり過ごす。普通のアメンボを見慣れていると、その振る舞いはすこぶる異様に見える。

　かつて与那国島を訪れた際、島内を流れるとある川の上流までさかのぼってみたことがある。その道すがら、あちこちに水溜りができており、たくさんのトゲアシアメンボが水面に浮いているのを見た。物凄い数が、狭い水面上にひしめいていた。喜び勇んで手に取ろうと水面にバシャバシャ突撃した途端、一斉にそれらが水面からバッと飛び立ち、あっという間に水面から綺麗さっぱりいなくなってしまったのには驚いた。飛行速度は遅く、簡単に目で追える。脚を後ろへ揃えて飛ぶその姿は、さながら蚊の親分みたいだった。

与那国島においてトゲアシアメンボは、生息する箇所にはきわめて高密度で見出されることが多く、結構普通にいるように錯覚してくる。しかし、実際には生息できるエリア自体が非常に少ないゆえ、好適な場所に多数押しかけざるを得ない状況にすぎない。面積の狭い与那国島は、もともと彼らの生息に必須である「薄暗いジャングル内の、年中枯れない止水」というものがあまりない。くわえて、近年島内で著しい森林の農地開発や、干ばつなどの自然災害により、少しずつ生息範囲が狭まってきている。このままの状況が続けば、いずれは人が容易に入り込めないジャングルの深部にしか残らないかもしれない。

**†疾風の水兵**

南西諸島の海に住む不思議な虫、**サンゴアメンボ** *Hermatobates weddi*（準絶滅危惧）は、一般的なアメンボとは異なるサンゴアメンボ科という分類群の虫だ。体長わずか三—四ミリメートル、全身を銀色に輝く毛で覆われ、体型は見慣れたアメンボにそっくりだが、オスは前脚がとても強靭に発達し、まるでポパイの様相を呈する。メスはそこまで逞しい腕をしていないので、おそらくオス同士の闘争あるいは交尾の際メスを上から押さえつけるのに役立つのだろう。

彼らが生息するのは、サンゴ礁の広がる浅瀬の波打ち際だ。満潮時には、狭いサンゴの隙間や石下に隠れているらしく、潮が引くと活動を始める。外海に面した岸辺すれすれの水面をすばらしいスピードで滑走し、水面にいる他の無抵抗で小型の生物を捕らえて捕食する。再び潮が満ち始めると、彼らは活動をやめて陸に這い上がり、適当な隙間を見つけてそこに避難し、満潮を迎えるようだ。

ある冬の夜、私は現地の人の案内でこの珍しいアメンボを見に行った。沖縄において冬の干潮は、日中よりも夜間の方が沖までよく引くらしい。そして、サンゴアメンボを見るためには大潮の一番潮が引いた時でないといけないという。夜中の一、二時、眠たい目をこすりながら海岸へと向かう。すっかり潮の引き切った海岸は、ところどころに潮だまりができており、覗き込むと様々な熱帯魚やウミウシなどカラフルな生物が泳ぐ水族館のようだった。

よく目を凝らすと、体長二ミリメートルほどの小さなアメンボらしき虫が、潮だまりの水面をちょろちょろ滑っている。ケシウミアメンボ *Halovelia septentrionalis* という、普通のアメンボとは別のカタビロアメンボ科に属する水生カメムシだ。沖縄の海岸において、これは非常に数が多い海岸性昆虫である。

しかし、こういう潮だまりのように閉じた海水面には、サンゴアメンボはほとんどいない。外海に面した波打ち際を、ヘッドライトで照らしつつ舐めるように眺めて歩く。すると、ほどなく水面をすさまじいスピードで滑る何かの動きが眼に入る。ミズスマシのような動きだが、あまりにもすばしっこくて何が動いているのかよくわからない。波紋だけがメチャクチャな動きで水面を這っているのだ。ランダムで動きを読みづらいが、ここぞというタイミングで金魚網をバサッと投入すると、その中には銀色に輝く足長の奇妙な虫がピンピン跳ねまわっている。これがサンゴアメンボだ。

サンゴアメンボ

この虫は、自然状態では立ち止まる瞬間がほぼないが、一度網で掬って近くの潮だまりに放すと、すぐに陸地に脚を引っ掛けてそのまま動きを止めるくせがある。止まった虫を拡大してよく観察してみると、前脚に何かを挟み込んでいた。同じく水面を走っていたケシウミアメンボだ。獲物として捕獲したようである。ケシウミアメンボもかなりすばしっこい虫だが、サンゴアメンボの動きにはかなわないらしい。

この虫が生息するような南西諸島の浅いサンゴ礁の海岸は、後述の希少なヤマトウシオグモを含め、多種多様な生物の生息しやすい貴重な環境だ。しかし、同時にこうした環境は、埋め立てにより消失しやすい環境でもある。沖縄の海岸は様々な理由により埋め立てが進んでおり、それが海岸性生物の生息の脅威となっていることは想像に難くない。さらに、その埋め立て用の土砂を近隣の島の山から掘り出して持ってきていることに関しては、あまり世間一般に認知されていないようである。奄美大島の湯湾岳《ゆわんだけ》ふもとあたりでは、最近大規模な採石工事が行われており、山肌が削り取られてひどい有様になっている。海の生き物にとっての脅威は、山の生き物にとっての脅威と紙一重だ。

### †苔の中の小さな乙女

静岡県の伊豆半島の中央よりに位置する天城山は、世間的には言うまでもなく川端康成の小説『伊豆の踊子』の舞台として知られている。静岡県内の鉄道の駅舎に入れば、至るところに「天城山へ行こう！」という観光ＰＲの広告が貼ってあり、県の誇る一大観光地となっている様子が見て取れる。

しかし、天城山の魅力は川端康成や石川さゆりだけではない。昼なお暗い湿潤な森林が広大に広がるこの山（とはいっても、大部分はスギの植林）には、目にはつかぬとも多種多様な動植物が今なお息づいており、命あるものたちにとってかけがえのないゆりかごとなっている。しかも、それらの中には天城山周辺でしか見つかっていないものも含まれるのだ。

**オドリコナガカメムシ** *Scoloposthethus odoriko*（準絶滅危惧）は、天城山から得られた個体をもとに一九九五年に新種記載されたカメムシである。言うまでもなく、名のオドリコは『伊豆の踊子』にちなむ。踊子と名乗るからにはどれほど艶やかで華麗な姿の虫かと思いきや、体長わずか三ミリメートルほどで地味な短足。訪れる観光客はまずその存在に気づかないだろう。しかし、本種は今のところ天城山以外で採られていない、非常に珍しいカメムシの一種だ。

天城山の登山道を歩くと、日当たりの悪い場所の岩や樹幹にコケがたくさん茂っている。このカメムシは、そうした適度に湿度を含むコケの中に隠れ住んでおり、発見はかなり難しい。詳しい生態は不明だが、常にコケの中から発見される虫であること、本種の属するヒョウタンナガカメムシ科が基本的に植物の汁を吸って生きる仲間であることから考えて、コケの汁を餌に生きているのだと思う。しかし、コケむした湿潤な森など日本中あちこちにあるだろうに、なぜこの虫がよりによって天城山でしか見つかっていないのかは、謎である。

　私の実家は静岡県の伊豆半島の付け根辺りにあるが、どういうわけか長らく県内を広域に渡り歩いたことがなかった。自分の研究材料たる虫を集めるため、日本各地はおろか地球の裏側まで出かけてきた身だが、静岡県に関しては東部と伊豆の根元以外については全く不案内であった。かの有名な天城山とて、例外ではない。そこで、今年初めて電車とバスを乗り継ぎ、天城山まで出かけてみることにした。もちろん、目的はオドリコナガカメムシである。

　私のまわりには何人ものカメムシ研究者がおり、いずれも若手の精鋭なのだが、それらの中でも近年オドリコナガカメムシを自分で見つけた者はほとんどいないらしい。その筋の専門家ですら簡単に見つけられないものが、はたして私ごときに見つけられるのか。

　私は山道を歩いて、雰囲気のよさそうな場所に差し掛かったとき、専門家から聞いた方法を用いてカメムシの捜索を試みた。軽く湿気を含んだ岩肌のコケの下に、金魚すく

オドリコナガカメムシ

いの小さな網をあてがう。そして、その辺に落ちている小枝を使って、コケを軽くはじく。すると、コケの中に隠れていた小さな虫が、パラパラと網に落ちてくるのだ。

この方法でひたすらコケをはじきながら歩いていったところ、わずか一〇分で一匹の小さなカメムシが網に落ちた。細長い体型に短めの脚、赤みがかった茶色の体、まさしくオドリコナガカメムシだった。網から出してコケの上に乗せてやると、素早い動きですぐコケの茂みの間に隠れてしまった。よくよく目を凝らせば、コケの間で触角についた埃を払ったりしていて、なかなか可愛らしい仕草を見せてくれた。カメムシというのはどんな種であれ、触角を両方の前脚で挟んで掃除をするその様子は、まるで髪を洗う乙女にそっくりなのである。

オドリコナガカメムシは、今のところ天城山でしか見つかっていないようだが、麓の分布はどこまで広がっているのか気になるところだ。また、本当に天城山以外には分布しないのかなど、興味は尽きない。

## †跳ねる海辺の砂

あまり人の手で荒らされていない海岸の砂浜に行くと、波打ち際から少し離れた辺りに多くの植物が生えているのを見かける。こうした場所にのみ生育する海浜性の植物は、塩分で萎れないように葉肉が分厚かったり、硬かったりと特異な適応を遂げたものばかりである。海水浴に行ったときなど、泳ぐばかりでなくこうした植物を観察して、生物の多様性と進化に思いをはせるのも面白い。しかしもっと面白いのは、こうした植物にのみ特異的に依存して取り付く昆虫類が思いのほか多いことである。

砂浜に見られる海浜植物の中でも、一番普通に生えているものの一つにコウボウムギが挙げられる。ムギとは言っても大麦小麦が含まれるイネ科ではなく、カヤツリグサ科の植物である。砂地を這うように低く茂る雑草のようなもので、匍匐茎《ほふくけい》により広がっていく。葉は細いが硬く、繊維がしっかりしている。昔はこの繊維で筆を作ったそうで、書の名人として知られる弘法大師にちなんで名づけられたらしい。このコウボウムギにだけ取り付く虫が、**スナヨコバイ** *Psammotettix koreanus*（準絶滅危惧）だ。

偽りの「スナヨコバイ」、チョウセンマダラヨコバイ

イネの害虫ツマグロヨコバイ *Nephotettix kurilensis* と同じヨコバイ科に属するこの虫は、体長三ミリメートル程度、全身明るい灰褐色をしている。翅には斑紋があり、一見すると砂地の色にそっくりなのだ。スナヨコバイは、針状の

口吻をコウボウムギの葉に突き立てて、汁を吸って生きている。しかし、危険を感じると強力な脚ですばやくピンと跳ねて、地面に下りてしまう。この虫の体色は地面の砂の色とほぼ同じため、下りられてしまうと目視で探すのはなかなか難しい。

九州北部の海沿いに、比較的良好な状態で残されている砂浜があり、コウボウムギがたくさん生えている。ここの茂みを歩くと、とても小さな跳ねる虫がそこかしこで見受けられる。それらのうちほとんどはスナヨコバイである。しかし、かなり警戒心が強いため、しゃがんで顔を近づけようとするとすぐどこかへ吹っ飛んでしまう。もともと葉の上にいる生き物なのだから葉の上に止まっているさまを撮影したいのだが、カメラを近づけただけですぐジャンプして砂地に下りるため、意外と難しい。

スナヨコバイは、北海道から九州にかけて非常に広く分布する。生息地内での個体数も、まだ比較的多い。しかし近年、砂浜が埋め立てられたり、あるいは気候の変化に伴って日本各地で海浜植物の群落が縮小してきている。一番普通に生えていた雑草たるコウボウムギとて同じであり、スナヨコバイもその跡を追うようにして分布域がしだいに狭まってきているという。

海水浴場の波打ち際から離れた草むらで、白いピンピン跳ねる虫を見られたならば、あなたは幸せ者だ。

［追記］スナヨコバイは、少ないながらも全国に広く分布するものと考えられてきた。しかし、最近の研究により、九州北部を含む西日本の「スナヨコバイ」は別種チョウセンマダラヨコバイ *P. koreanus* とするのが正しいことが判明した。そのため、文中に扱ったスナヨコバイの正体はチョウセンマダラヨコバイであるという、ややこしい解説を付け加えねばならない。しかし、各地のレッドリスト資料等ではこの二種が未だに混同されているのが現状である。

## †貝殻の生る木

人の頭にわくシラミとは何の関係もないが、キジラミという仲間の昆虫がいる。セミやアブラムシの親戚筋に当たり、たかだか三―四ミリメートルの小型種が多いものの、その外見は触角が長いことを除けばセミによく似ている。キジラミは植物に取りついて、針のような口で汁を吸って生きており、それゆえ植物にとっては害虫と呼ぶべき存在である。汁を吸うほかにも糖分を含む排泄物を大量に出すため、それが葉にこびりついてカビの発生を誘発し、結果として植物の成長を悪くする。中には植物から植物へと汁を吸って回るうち、農作物の病原菌を伝播する種もいるため、農業関係者はこの虫を目の敵にしている者が多い。キジラミは、基本的に人間にとってはイメージが悪い虫と言えるだろう。

エノキカイガラキジラミの幼虫

エノキカイガラキジラミの巣

　しかし、中には人間の生活とは特に関わらずに生活しているキジラミもおり、むしろそうした種のほうが全体としては多いと思われる。エノキの木にだけつく**エノキカイガラキジラミ** *Celtisaspis japonica*（準絶滅危惧）も、そうした人間にとって害にも益にもならないような種のひとつだ。成虫は体長三ミリメートルほど、全身黒ずくめでとにかくぱっとしない風貌の虫である。一方、幼虫はといえば全身真っ白で、赤い左右の複眼の間には眉毛のような黒い模様が入っており、「張り子」のネコかトラを思わせる愛らしい姿だ。この幼虫、成虫とは少し変わった面白い方法で生活している。

　この幼虫は、「虫こぶ」（ゴール）と呼ばれる特殊な住処を、エノキの葉に作る。葉裏から特殊な刺激を与えて、葉の表側へと突き出すような突起を作り、その突起の内部で生活するのだ。入り口には、体から出したロウ状の物質でフタをして、外敵が内部にまで侵入しないようにする。

このフタは銀白色で丸く、層状になっている。これが貝殻を思わせる外観であるため、その名がついた。この虫が作る虫こぶは、魔法使いの帽子のような特徴的な形であるため、見た瞬間すぐそれとわかる。幼虫は初夏と盛夏の二回出現するが、帽子状の突起を形成するのは初夏の幼虫だけである。その理由はよくわかっていない。

この虫が取り付くエノキの木は、日本各地にいくらでも普通に生えている。山野に行けば必ずと言っていいほど自生しているし、都市部の緑地公園や道路わきにも数多く植栽されている。これだけたくさん餌の植物が生えているのだから、さぞエノキカイガラキジラミも日本全国津々浦々に生息しているだろうと思いきや、これがビックリするほど見つからない。この虫は非常に局所的な分布をしており、ある特定のエノキの木でのみ発生する傾向が見られるのだ。

長野県松本市の信州大学周辺の雑木林には、エノキの木がうんざりするほど生えている。美しい国蝶・オオムラサキの幼虫がつく関係で、私はこのチョウのつくエノキの木には昔からよく注目してきた。しかし、松本に在住していた一三年間というもの、初夏にどれほど徹底的に探しても葉にとんがり帽子の付いた木は見つけられず、この地域界隈においてエノキカイガラキジラミは一匹も生息していないと確信していた。

ところが、異動で長野を離れて二年目の初夏、所用で再びかの地に舞い戻ったとき、私はあの帽子がついた葉を見つけてしまった。在住当時、近所ではあったがあまり足を運ばない雑木林があり、その林の脇に何気なく立っていた二本のエノキだけから見つけ出すことができた。そして、その二本をおいて他に帽子の付くエノキの木は見つけ出せなかった。エノキの木自体は、他にも周辺に何本も生えているのに。

エノキにはこのエノキカイガラキジラミのほか、透明の地に黒い線が入る翅を持つ近似種クロオビカイガラキジラミ *C. usubai* もつく。この種はレッドリストに掲載こそされていないものの、エノキカイガラキジラミ以上に分布の限られた珍種である。

## †河原の青き母心

シロヘリツチカメムシ *Canthophorus niveimarginatus*（準絶滅危惧）は体長一〇ミリメートル弱、一見するとただの黒っぽいカメムシに見える。しかし、よく見てみればその体は全身がメタリックに輝く深い藍色で、体の縁にはクリーム色の縁取りが走り、とてもおしゃれで美しい生物であることに気づく。日本では本州、四国、九州に分布するが、世界的にはユーラシア大陸温帯域に広く分布している。

彼らは開けた草原や河川敷に限って生息するが、それには理由がある。草原環境に生えるイネ科植物などに寄り添い、根っこを通じて養分をくすねて生育するカナビキソウという草の果実や種子の汁を摂取することがこの虫の生存に必須だからだ。食事の際にはカナビキソウの茎に這い登り、針状の口吻を果実に突き刺して汁を吸う。

また、このカメムシは子育ての習性を持つ。メスの成虫は、河原の石下などに作った小さな部屋で数十個の卵をかためて生み、これをケアし続ける。幼虫が孵化すると、メスは栄養卵という特別な卵を産み、これを餌として幼虫に与える。また、外へ出歩いて地面に落ちているカナビキソウのタネを拾い、巣へ持ち帰って幼虫に食べさせるという高度な子育ての習性を持ち、非常に面白い昆虫である。

シロヘリツチカメムシ

この虫は希少種ではあるのだが、いるところには今でもきわめて多数の個体を見ることができる。長野県のとある河川敷は、本種が高密度で生息している。こうした環境で、私は石を裏返してはそこに営巣しているアリの巣内に棲む好蟻性生物を採集していたのだが、このときしばしばすさまじい数の小さなカメムシを石下に見た。

恥ずかしながら、当時の私はこれが一体何のカメムシなのか一切知らなかった。どれも毒々しい赤と黒の模様をしていて、あまり関わり合いになりたいとは思わない雰囲気の奴らだったため、見つけても基本的に無視し続けていた。それが最近になって、ようやく希少種シロヘリツチカメムシの幼虫たちだったことを知ったのだ。九州、そして関東に移り住んだ現在、家のすぐ傍でこれを観察できる場所はない。かの地に住んでいた当時、この虫のことを知らず興味も持っていなかったことを、今更後悔している。

シロヘリツチカメムシは、カナビキソウに極度に依存している。しかし、カナビキソウは、特殊な生態を持つ植物だけに、河川改修にともなう草原環境の人為的破壊がなされると、たちまち減少の一途を辿るであろう。あるいは逆に、まったく手入れがなされず茂りすぎた草原も、背丈の低いこの植物にとっては生育に不適と思われる。定期的に氾濫が起きたり、草が刈られたりして植生遷移が止められている環境では、カナビキソウもシロヘリツチカメムシも今後何とか生きていけるだろう。

## †迷彩柄の死体愛好者

サシガメ科は、他の昆虫を捕らえてその体液を吸う肉食のカメムシである。針状の口吻を獲物に突き刺し、消化液を注入して吸い上げる。この消化液はなかなか強力で、人がうかつに指で摘もうものなら容赦なく刺される。その痛みは下手なハチよりもずっと強く、後を引く。なお、私が生まれて初めて刺された昆虫はサシガメだったと記憶している。

サシガメ科はとても種数が多いグループで、日本だけでも相当な種数がいる。そのほとんどの種は、手近にいる昆虫なら何でも捕食するジェネラリストである。が、中には特定の獲物にしか関心を示さない種もいる。特殊な毒成分を持つため、普通の肉食動物が好んで食べないヤスデを専門に捕らえる種もいる。蚊のように、温血動物の体から吸血する種だっている。そんな「如何物食《いかもの》い」の連中がいる中、アリを好んで捕らえるサシガメがいたところで何ら不思議なことはないだろう。

その一種、**ハリサシガメ** *Acanthaspis cincticrus*（準絶滅危惧）は体長一五ミリメートル前後の種で、本州から九州まで分布し、草がまばらに生えるような明るい荒れ地に生息する。成虫は黒っぽい体色をしており、脚にはまだら模様、翅の根元には薄紅色のスジがある。そして背中のちょうど真ん中にある三角形の部分（小楯板《しょうじゅんばん》）には、真上に向かって突き立つ一本のトゲがあり、これが「針」サシガメの名の由来だ。

彼らは地上性で、地面を歩き回っているアリを非常に好んで捕らえる。絶対にアリしか捕らないわけではないが、アリを捕る頻度が他種のサシガメに比べて非常に高い。地面や

ハリサシガメ

ハリサシガメの幼虫

低い石垣に張りつく体勢で待ち伏せ、獲物が来ると素早く飛びつく。暴れる獲物を無理やり押さえつけて、すぐ口吻を突き刺す。本種の消化液はアリに対して素晴らしい効き目を発揮し、ほんの十数秒でアリは昏倒してしまう。それから三〇分くらいかけて、じっくりとその中身を吸い尽くしていくのである。

本種の成虫は、サシガメとしては特筆して珍奇な風貌をしているわけではない。ところが、その幼虫期の生態を見れば、これが何とも得体の知れない代物である。ハリサシガメの幼虫は、全身に土砂をまとって偽装している。一見すると、ただの土団子のような外見を呈しており、サシガメという以前にそもそも昆虫には見えない。

歩き方も独特で、ジャッキー・チェンの酔拳よろしく前後にユラユラ体をゆすっては素早く二、三歩ツッツッと前進する奇妙な歩き方をする。成虫はこんな歩き方をしないので、どんな意味がある振る舞いなのかはわからない。幼虫期の餌も当然アリがメインとなり、捕食方法もおおむね成虫と変わらない。

しかし、食事を終えた幼虫のハリサシガメは、成虫には見られないある奇行に及ぶのだ。サシガメはすっかり中身を吸い尽くした獲物の死骸から口吻を引き抜くと、その死骸を自分の体の下に滑り込ませつつ、前脚、中脚、後脚の順に渡していく。そして後脚にまで渡した瞬間、尻から粘着性の液体（おそらく排泄物）を出して死骸に擦りつける。そしてすぐ死骸を左右の後脚ではさんで持ち上げ、巧みな脚さばきで背中にくっつける。くっつける位置にはこだわりがあるのか、数十秒かけて後脚の先で死骸をこねくり回し、最終的に一番具合のいい部分に落ち着ける。この要領で、自身が捕食したアリの死骸をどんどん背中に背負っていくのだ。

恐らく、これはアリに背後から致命傷を受けないための鎧であると同時に、アリの興味を引く小道具としての役目を果たすのだろうと思われる。マレーシアでこのサシガメの近縁種を観察したことがあるが、サシガメの真後ろから来たアリがサシガメの背負うアリの死骸に嚙み付いた途端、サシガメが上手く胴体を後方に捻って振り向きざまにそのアリを捕らえるのを目撃している。

ハリサシガメが生息するのは、ところどころ赤土がむき出しになった明るい草原や荒れ地である。加えて、全成長ステージを通じてアリを餌に嗜好するため、大小さまざまな種のアリが同所的に生息することが望ましい。こうした環境は、言わずもがなだが開発で全国的に失われている。また、逆に人の手が加わらずに草が茂りすぎても住めなくなるため、非常に微妙な生息環境を要求する昆虫といえる。

関東地方のとある墓地は、近年珍しくこのサシガメを確実に観察できる場所だ。定期的に草刈りが行われ、裸地環境が維持される環境ゆえである。夏の日没時、ヤブ蚊の猛攻に耐えつつここをふらふら徘徊すると、日中物陰に隠れていたサシガメたちがあちこちからぽつぽつと這い出し、獲物を待ち伏せているのを見られる。

## †川底の小さな鍋蓋

いくら形が似ているからといって、他に似たものはなかったのかとつい考えてしまう、ナベブタムシ科は、円盤状の姿をした小型の水生カメムシの一群だ。日本からはただのナベブタムシ *Aphelocheirus vittatus*、ここで取り上げる**トゲナベブタムシ** *A. nawae*（絶滅危惧Ⅱ類）、そして幻のカワムラナベブタムシ *A. kawamurae*（絶滅危惧ⅠA類）の三種が知られている。いずれも体長一センチメートル前後の小さなものばかりだ。

ナベブタムシの仲間は、基本的に水の綺麗な河川の中流域に生息しており、川底の砂利の中に潜っている。小さくて平べったい体型は、狭い砂礫の隙間に挟まりこむのに都合がいい。そうした場所に身を隠しながら、彼らは近くを通りかかる他の小さな水生昆虫を捕らえ、体液を吸い取る。ちょっと困ったようなハの字型の瞳もあいまって大人しそうな顔つきだが、ナベブタムシの仲間はいずれも鋭い針状の口吻を隠し持っているため、うかつに触ると人間でも刺される。その痛みは苛烈だという。

トゲナベブタムシ

他の水生カメムシであるタガメ、タイコウチ、ミズカマキリなどは、腹部先端から呼吸のための管が突き出ており、水中にいながら管の先端を水面に出して空気中の酸素を取り込み、呼吸する。ところが、ナベブタムシの仲間にはこの呼吸管がない。実は、彼らは空気中ではなく水中に溶け込んでいる酸素を呼吸に使えるのだ。

彼らの腹部にある、呼吸のための穴（気門）には、非常に細かい毛が密に生えており、ここにごく薄い空気が溜まっている。この部分に水中の溶存酸素が取り込まれ、それを呼吸に使っているという。呼吸するにつれて、気門に溜まった空気には二酸化炭素が溜まっていくが、その分圧の高まりによって二酸化炭素は水中に溶け出していく。逆に気門に溜まった空気からは酸素が減っていくが、その分圧の低下によって水中から酸素が取り込まれていく。気門に空気が溜まっている限り、彼らは息継ぎすることなく水中に過ごしていられるのである。先述のヒメドロムシ科の甲虫なども、こうした呼吸法を採用しているものたちだ。

私は九州の河川で、トゲナベブタムシを見たことがある。九州での本種は基本的に珍しい虫であるが、場所によってはそこそこの数が見られる。しかし、彼らは隙間の多い川底の砂利の間に隠れて生活するため、水質汚濁により川底にヘドロがたまったり、富栄養化により川底に藻が生えすぎたりすると生息できなくなってしまう。その意味で、彼らの生息は川の水質が良好であることを示す指標となるだろう。

先述の通り、日本産ナベブタムシの仲間はトゲナベブタムシのほかに二種知られるが、いずれも近年は普通種とは言いがたい。例えば長野県では、川底をさらって集めた川虫を「ザザムシ」の名で佃煮にして、食用に販売している。かつてはこのザザムシの中に、ナベブタムシが一定の割合で混入していたらしいが、近年では河川の富栄養化が進み、県内の土産物屋でザザムシの瓶詰め佃煮を見ると、多少汚れた水を好むヒゲナガカワトビケラ *Stenopsyche marmorata* の幼虫ばかりになってしまった。また、琵琶湖水系にのみ生息するカワムラナベブタムシは、過去六〇年近く発見されていない状況にある。清流を好む彼らにとって、今の日本の河川は生存に厳しい。

## †砂に遊ぶまん丸ズ

昔、NHK教育テレビの子供向け番組の一つで「アエイオウ」という奇妙なアニメが放送されていた。イタリア製で、砂の平面に描かれた絵が、まるで生きているかのようにぬるぬる動く。これに出てくる主人公のキャラクターが、ものすごくシンプルで適当なデザインなのである。

くっきりした丸の中に点を三つ打って目と口という顔の下に、もやっとしてはっきりしない胴体がついているという、人の形と判断できる最低限の姿をしている。そのシンプルな外見とは対照的に、鼻の詰まった声で難解かつ意味不明な言語を操るさまが心の琴線に触れ、私はとても気に入っているアニメなのだが、世間ではなぜか「怖い」「気持ちが悪い」と評されているらしい。私は、これの主人公のように丸くてシンプルな外見のキャラクターがとても好きなのである。そんな私を魅了して止まない、実写版「アエイオウ」と呼んでも差し支えないような虫の一つが、エグリタマミズムシ *Heterotrephes admorsus*（絶滅危惧Ⅱ類）である。

水生カメムシの一種であるタマミズムシ科の昆虫は、普通の昆虫に比べてかなり異質な形態を示す。普通、昆虫を背面から見ると、その体は頭、胸、腹の三つに分かれている（実際にはさらに胸部が前胸、中胸、後胸などと分かれている）。小学校でも習う基本的な昆虫の特徴だが、タマミズムシにはこれが通用しない。

彼らは頭部と胸部が融合しており、ぱっと見には体が二節にしか分かれていないのだ。そして体型が寸詰まりで丸っこいのもあいまって、まるで子供が落書きで書いた「ムシ」が実体化して出てきたかのような印象を受ける。もっとも、融合と言っても完全に境目がなくなっているわけではなく、よく見るとちゃんと頭部と胸部を区切る線がうっすら確認できる。

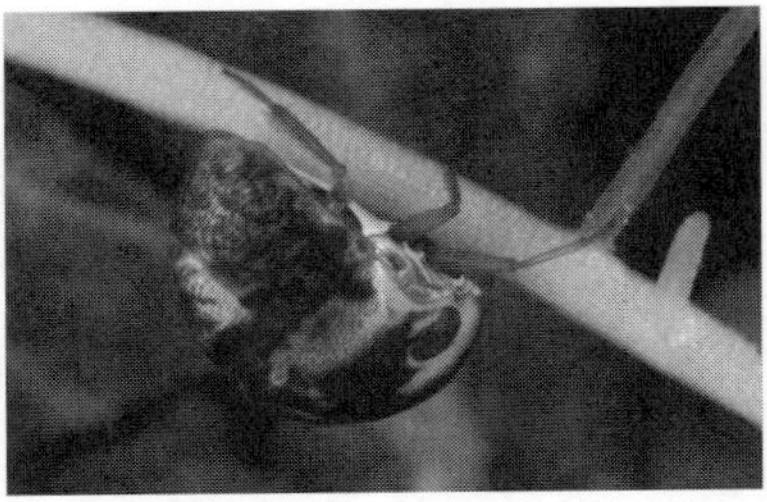
エグリタマミズムシ

タマミズムシ科は東南アジア地域に分布の中心を持つが、日本ではエグリタマミズムシただ一種のみが、奄美大島と徳之島だけから知られる。本種は、日本の固有種である。エグリタマミズムシは体長二ミリメートル程度、背面から見ると丸い栗のような姿をしている。体の割にパッチリした黒目がちの大きな眼をもち、とても愛らしい。しかし、口元から伸びた針状の口吻は、彼らが他の小昆虫を襲って汁を吸う捕食者であることを雄弁に物語っている。脚は糸のように細長く、水をかいて泳ぐための短い毛が密に生えている。

彼らは、山間部を流れる幅の狭い川の岸辺近くに住んでおり、陸上植物の根が水に浸かって常時洗われている場所にしがみついていることが多い。こういう場所を、金魚掬いの網で軽くゆすると網に入る。水が入った小さな容器に放つと、めまぐるしい動きで素早く泳ぎ回るのだが、その姿はいつも背泳ぎである。水生カメムシの仲間には、腹をいつも上向きにして泳ぐものがいくつかいる。それらは、光のさす方向に腹側を向けて泳ぐ習性があるためだ。

昔、奄美大島の沢で川べりの植物の根をさらい、エグリタマミズムシを数匹採ったことがあった。成虫とともに、一回り小さな幼虫も得られた。幼虫は成虫に比べて黒っぽい色をしており、なおかつ成虫にはついている翅も持たないため、全体的につるっとした風貌。成虫以上に、外見が丸っこくて可愛い。

これらを、川底の砂を入れた小さなプリンの空き容器に放つ。小さくて丸い奴らが砂に取りついてせかせか動き回る様を見ると、まさしく「アエイオウ」のキャラクターそのものの雰囲気となる。しばしばジャングルの川べりで、蚊やヌカカに全身刺されるのも忘れてその様に見入り、幸せな気分となった。

エグリタマミズムシは、水生昆虫ゆえ水質の悪化には弱い。また、生息域の上流にダムなどが建設されると、瞬く間に姿を消すといわれている。現在、奄美・徳之島ともにこの虫は激減しているそうで、かつて生息していた箇所の多くで姿が見られなくなったらしい。果たして、この愛くるしい実写版「アエイオウ」がこの先南の島に存続していくことは、許されるのだろうか。

## †水中サーカス団

水生生物のなかには、「ミズムシ」という名称をその名に含む種が複数知られる。もちろん、足の裏にできる白癬菌《はくせんきん》が原因のアレとは無関係。昔の学者は、水中に住む小さくて脚の多い生物には何かれ構わずミズムシという名をつけまくったらしい。昆虫では甲虫とカメムシ、さらに甲殻類においてもミズムシという名のつけられた種がいるため、けっこうややこしい。そんな中、ここで紹介するのはカメムシの一種のミズムシである。

ミズムシ科は、国内では三〇種近くが知られている水生カメムシの仲間だ。水に関わる生態を持つカメムシ類はたいてい肉食性だが、ミズムシ類は例外的に植物食の傾向が強いらしい。短い針のような口吻で、主に水中に生える微少な藻類の中身(原形質)を吸って生きている。種により体サイズは変化に富むが、全体的な外見のフォルムはどれも同じに見える。共通しているのは、長い後脚をオール状に動かして泳ぐこと、筒型の体型で胸部背面に黄色と黒の縞模様があることくらいだろうか。そこそこ種数がいる分類群とはいえ、大抵の水田や池などで見られるミズムシ類は、最普通種のコミズムシ *Sigara substriata* という種であることが多い。

水田周辺の民家で夏、窓を開けたまま部屋の灯りをつけると、しばしばコミズムシなどが飛来してくる。彼らは床に墜落すると、酔っ払ったような動きでよたよた床を歩き回り、その姿は見ていて惨めな感じがしてくる。概して水生昆虫というのは、水から出されてしまうと歩く姿はすこぶるぎこちないものである。しかし、ひとたび水に入れば、素晴らしいスピードでめまぐるしく泳ぎ回り、見る者を驚かせる。

ミズムシの仲間は、主に水底にたまった落ち葉や水草などにしがみついて過ごしている。水中に固定された何かに摑まっていないと、落ち着かない性質を持っているらしい。この習性を利用して、昔の子供はミズムシ類を風船ムシと呼び、オモチャにして遊んだものだった。

すなわち、水を入れたコップの中に細かく切った色紙をたくさん沈める。そこに何匹かミズムシ類を放つと、虫は摑まる場所を求めてコップの底を泳ぎ回り、色紙の欠片《かけら》の一つにしがみつく。すると、虫の体は軽いため、色紙を摑んだまま水面に浮き上がってきてし

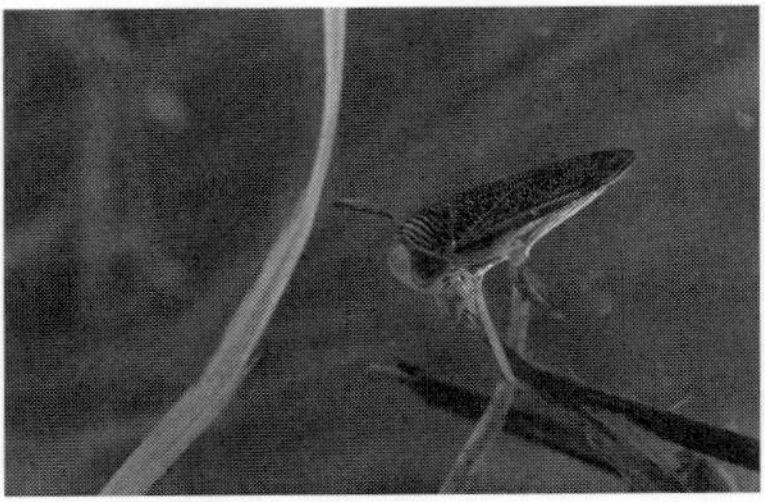

大型ミズムシの一種

まう。それを嫌がった虫は、摑んでいた色紙を離して再びコップの底へ泳ぎ、また別の色紙を摑む。そしてまた浮き上がり、また潜って色紙を摑み……というのを、果てしなく続ける。複数の虫を入れると、常に色紙がコップの中にひらひら舞い上がっているため、見ていて面白い。もっとも、ずっとやらせ続けると虫が疲労して死ぬので、そこそこの所で救助してやるのを推奨する。

ミズムシ類は、都市化が進むとすぐ姿を消す水生昆虫だ。一番の普通種だった小型種コミズムシも、最近では少し町から離れないとなかなか姿を見なくなってきた。これが大型種になると、さらに見つけるのが困難となる。水質がそれなりに保たれた、浅い池が近隣に複数ある立地でないと生きていけないからだ。また、夜間灯りに誘引される性質が強いため、生息地の傍にコンビニなど大きな光源ができると、みんなそこへ飛んで行って死んでしまう。

日本で見られる、体長一センチメートルを超す大型種のミズムシ類はオオミズムシ *Hesperocorixa kolthoffi*、ミズムシ *H. distanti*、ナガミズムシ *H. mandshurica* の三種が知られているが、どれも環境省のレッドリスト掲載種（準絶滅危惧）となっている。これらは互いにとても似通っており、細かい形態の違いを確認しないと正確な種同定ができない。

私は今まで生きてきた中で、大型のミズムシ類をほとんど見たことがない。大学学部四年生の頃、たまたま出かけた北海道の湿原そばの未舗装道で、雨上がりの水たまりに複数来ているのを見たのが人生初の遭遇だ。すぐ干上がりそうな、小さな水たまりがいくつもあって、そのどれにももれなく数匹のミズムシが入っていた。

その後、日本のどこでも大型ミズムシの姿を見る機会がまったくなかった。一昨年の冬、中国地方の小さなため池で、落ち葉の堆積した水底をタモ網でさらった際、大量のマツモムシ *Notonecta triguttata* に混ざってたった一匹だけ大型ミズムシが入った。冷たい雨が降りしきる中、久しぶりにあの細かいちりめん柄の体と真っ赤な目を見て、旧知の友に思わず再会できた気になり嬉しくなった。

# 5 ハチ目

我々は唐突にハチと聞けば、ミツバチとスズメバチとアシナガバチくらいしか頭に浮かばない。しかし、世界にはすさまじい種数のハチが存在しており、姿かたちは当然ながらその生活史も多彩を極める。その中には、一般的な「ハチ像」からはあまりにもかけ離れた風体のものも少なくない。一般的なハチのイメージとは異なり、女王や働きバチからなる社会を作って集団生活するような種は、ハチ目全体のうちごくわずかなものだ。他の大半は単独で巣を作ったり、あるいはそもそも巣を作らずに他の昆虫体内に寄生するなどの生活を送っている。また、アリもハチ目を構成するメンバーの範疇にある。ハチやアリは莫大な種数を誇る分類群であるため、その中には少なからず希少な種が含まれている。しかし、こうした希少種の大半は生態がよくわかっていなかったり、あるいは人を襲う害虫と見なされて積極的に駆除されてしまうこともあり、必ずしも適切な保護対策が打たれているとは限らないのが実情だ。

## †不格好な狙撃者

しばしば、美しいスタイルを形容する際、「ハチのようにくびれた腰」という文言が使われることがある。大概の人々が思い描く一般的な「ハチ像」は、腰の部分がキュッと細くなったあの姿であろう。ところが、まったく腰がくびれず寸胴《ずんどう》な体型をした、ハチにあるまじき背格好のグループがいるのだ。ハバチ亜目と呼ばれる仲間のハチである。

広腰亜目《ひろこしあもく》とも呼ばれるこのハバチ亜目は、ハチ目の中でも原始的な特徴を色濃く残したグループである。この仲間は全体的に巣を作らず、社会も作らない。そして、幼虫期に比較的決まった植物に依存するという生態を持っている。あるものは木や草の葉を食べるし、またあるものは木材の中に食い入ってそれを食べる。幼虫期の生態だけみれば、ハチというよりむしろチョウやガ、カミキリムシに近い。成虫も成虫で、上述のとおりハチにしては腰のくびれがほとんどなく、ぱっと見は我々のイメージするハチとは似ても似つかない様相を呈している。

一般的なハチの持つ毒針は産卵管の変化したものと言われているが、広腰亜目のハチの持つ産卵管は、本当に産卵管としての役割しか持たず、人を刺したりすることはできない（ただし種により、刺す真似事くらいはする）。彼らは、硬い植物の茎や朽ち木の内部に卵を埋め込むため、ノコギリや錐のように産卵管を使い、穴を穿つのである。

広腰亜目のハチたちは、幼虫期に植物を餌として成長するものばかりなのだが、何しろ自然界のものなので当然例外だっている。ヤドリキバチ科と呼ばれる一群である。この一群は幼虫期に他の昆虫体内に寄生する、肉食性の仲間として知られている。

主な犠牲者は朽ち木内に住む甲虫、特にタマムシやカミキリムシの幼虫だ。海外産種の観察例にならうと、産卵をひかえたメスは触角を細かく振動させながら、獲物のいそうな朽ち木表面を歩き回る。触角先端で木を叩く際の反響音を脚の裏から拾い、獲物が潜んでいる材内の空洞を発見できるらしい。

獲物が内部にいることを確かめると、ハチはそれまでたたんで隠していた細い産卵管を木に突きたて、穿孔《せんこう》する。そして、その穴を通して体内に収納していた長い産卵管を刺し入れ、内部の獲物に産卵する。この仲間は、寄生の際に寄主体内へ毒を注射して麻痺させるか、殺してしまう。このような寄生様式には、殺傷寄生という物騒な名称があてはめられている。

ヤドリキバチ科は日本からは数種が知られる。いずれの種も少ないもので、野外において姿を見る機会は少ない。その点ではどの種も希少種と言えるが、環境省のレッドリストにまで掲載されているのは**トサヤドリキバチ** *Stiricorsia tosensis*（準絶滅危惧）という一種のみだ。全身真っ黒で目立たないハチだが、顔を見ると複眼がすさまじく巨大で、その複眼を縁取るようにゴツゴツしたイボ状の突起が並ぶという異様ないでたちだ。触角は不自然に顔の下側についており、これがヤドリキバチ科という分類群を象徴する形態的特徴の一つともなっている。

トサヤドリキバチ

恐らく高知県で最初に見つかったゆえの命名であろうが、虫そのものは本州から九州にかけて広く分布している。成虫の発生時期は比較的長いものの、初夏の頃に見つけやすい印象を個人的には持っている。生息地の雑木林に行くと、倒木の上をうろうろ歩き回っているこのハチの姿が見られ、場所によっては比較的たくさんいる。翅の発達が弱いせいか、あまり活発に飛びまわらない。

東京都内にある、このハチがたくさん見られる雑木林に行った際、不思議な光景を目の当たりにした。朽ち木上に、姿はまったく同じだが体のサイズがまるきり違うヤドリキバチの仲間が何匹も徘徊していたのだ。大きいものは一センチメートル以上あるのに、小さいものはその半分程度のサイズしかない。

私はてっきりいろんな種のヤドリキバチが集まってきているのだと思っていたが、詳しい人に尋ねたところ、これはすべて同じトサヤドリキバチだと教えられた。幼虫期にどれほどの大きさの寄主に寄生できるかによって、成虫になったときの体サイズが個体間で激しくばらついてしまうらしい。

このハチの幼虫は、自分が寄生した獲物を食い尽くしてしまっても新たな餌の供給がないため、小さな寄主に寄生した幼虫は大きく成長できないままさっさと蛹になってしまい、その結果とても小さな成虫として羽化することになる。手持ちのカードだけで勝負する、何とも無理を通す奴である。

## †裏山に住む切り絵名人

ハキリバチ科の仲間は大小さまざまな種を含む、大きなハナバチの一群である。この仲間は基本的に単独で営巣し、ミツバチのような社会を作らない。森や草原にある枯れた中空の植物の茎や地中の穴など、自然にできた空隙に花蜜を蓄えて巣とする。その巣内には複数の部屋が設けられるのだが、ハキリバチはこの部屋の仕切り材として、外から切り出した植物の生葉を使うという面白い特徴を持つ（中には、泥やマツヤニを使う種もいる）。その仕事の様は、あまりにも巧妙であざやかだ。

営巣をひかえたメスのハチは、巣と決めた場所からあまり遠くない場所で手ごろな植物の新鮮な葉を探す。首尾よく見つけると、その葉の縁にしがみつくように止まり、顎を使ってハサミを入れるように嚙み切り始める。腹側に向かって丸い切り口を残しながら嚙み切り、完全に切断すると同時にそれを抱えて巣へと飛び去る。その一連の作業はあっという間に終わってしまい、切り始めてから切り終わりまで、どの種でも一〇秒以上費やすことは稀に思える。

用途によって葉の切り方は変わり、巣部屋の内壁に使う葉は半月状に大きく長めに切るが、巣部屋の仕切りに使う葉はほぼ正円に近い形に切る。何も考えず、本能だけでこうした複雑な仕事をめまぐるしく切り替えつつ行っていく、虫の行動の精巧さと合理性にはいつ見ても感服させられる。

ハキリバチは、種によっては特定の植物からのみ葉を切り出そうとする。バラハキリバチ *Megachile nipponica* は、その名の通りバラ科植物の葉を好んで切りに来る。そのため、バラを育てている園芸家は、葉を勝手に切り刻んで持ち去ってしまうこのハチを嫌がっているらしい。しかし、大概のハキリバチは園芸植物には手を出さず、自然に生えている樹木や雑草から切り出しを行う。**クズハキリバチ** *M. pseudomonticola*（情報不足）など、その典型と言えるだろう。

クズハキリバチは体長二センチメートルほどあり、多くが一センチメートル内外の日本産ハキリバチ類としては破格の巨大種である。胸と腹部の前半分がオレンジの毛で覆われているほかは全身真っ黒の、なかなか強靭な体格をしたハチだ。本州から九州まで分布するが、より南方ほど個体数は多い。また、局所的に多産する傾向があり、いない場所にはまったくいない。

このハチはハキリバチの例に漏れず、古木に空いた小穴や竹筒、地面の裂け目といった空隙に営巣する。そして、巣材として道端に茂っているクズの葉を利用する習性を持っている。本種のクズの葉に対する執着はかなり強く、他種の植物の葉は周囲にクズが生えていない場合に限り、やむを得ず利用する程度だという。また、営巣地点から約十数メートル以内にある至近のクズ群落から、葉の切り出しを行う傾向が強い。

クズハキリバチ

松本市街近郊にある、住宅街に面した雑木林には、このハチが割と普通に見られる。林縁部に大規模なクズ群落があり、ここが彼らにとって格好の葉の切り出し場所となっているのだ。八月上旬にここのクズ群落を歩くと、何枚もの葉に特徴的な丸い切り痕が見つかる。切り口が茶色く変色していなければ、切り取られて間もない痕だ。そばでしゃがんでじっと待つと、数分で切り痕をつけた張本人が戻ってくる。そして、低空で飛びつつ周囲のまだ歯を入れていない新鮮なクズの葉を物色する。

葉の縁にしがみつき、せわしなく歩きながら葉を嚙む。よさそうだと思った場所で立ち止まり、そのまま高速で歯を入れて切り出しを行い、すぐさまそれを抱えて飛び立つ。飛ぶ速度は比較的遅く、しかも至近に営巣箇所があるはずなので、跡を追いかけると比較的簡単に巣まで誘導してもらえる。

このクズ群落の近隣には、竹筒のかかった古い民家や穴の空いた木製の電柱、ひび割れたコンクリート壁など、このハチにとって営巣しやすい環境が揃っている。こんな何の変哲もない環境こそが、彼らの生息にとって非常に大きな意味を持つらしい。松本市内には他にも大規模なクズ群落の発達した場所などいくらでもあるが、その多くの場所でクズハキリバチの気配はない。葉を見渡しても、あの特徴的な丸い切り痕が見つからないのだ。小さな隙間が随所にある田舎の集落、その至近に大きなクズ群落があることが、本種の生息には必須となる。

そのため、人々の暮らしの近代化や里山環境の変化（土地造成や宅地化）が進行するにつれ、このハチは営巣環境を奪われ、人知れず姿を消しつつある。

## †カタツムリの殻に眠る

ツツハナバチ属はハキリバチ科に含まれる小型のハナバチ類で、春先に限って活動を行う。日本には七種が知られるが、まだ肌寒い時期に出現することもあって、どの種も毛皮のコートを着込んだように毛深い体をしている。この仲間は、中空になった竹筒や植物の茎内に営巣するものが多い。

巣にはいくつもの部屋を作り、その部屋ごとに花蜜を練ったものを溜め込んで一つずつ卵を産みつける。部屋の仕切り材には、その辺で切り取った植物の葉を噛んでペースト状に柔らかくしたものを使う。東北地方のリンゴ、サクランボ果樹園では、敷地内の一角にヨシの茎を多数束ねたものを置き、この仲間のハチの一種コツノツツハナバチ（マメコバチ）*Osmia cornifrons* を飼育している場所がある。ミツバチが活動しにくい春先でも活発に活動し、果樹の花を受粉してくれるためだ。

日本国内の一般人でミツバチを知っている人はいても、ツツハナバチを知っている人はそう多くはないだろう。しかし、農作物の受粉を助けてくれる益虫という観点から、日本でツツハナバチの仲間は意外とよく研究されてきた。そんなツツハナバチの中でも、とびきり変わったものが**マイマイツツハナバチ** *O. orientalis*（情報不足）である。

体長約一センチメートル、本州から九州にかけて分布するこの日本固有のハチは、人里近い平地の草原、田園に生息する。一見して白っぽく長い体毛に惑わされるが、地肌はブロンズを思わせる深い青色をしており、とても美しい。特にオスは、まるでアクアマリンかエメラルドのような透明感のある大きな複眼を持ち、一度見たら忘れられない。このハチの営巣習性たるや、世界的に見ても非常に稀なるものだ。なんと、カタツムリの空き殻の中にだけ巣を作るのである。

マイマイツツハナバチ

春に出現したメスのハチはオスとの交尾を済ませると、低空を飛び回っては地面に落ちている死んだカタツムリの殻を懸命に探し回る。殻の新旧はさほど問わないが、あまりにもサイズの小さいものや、破損のひどいものは使わない。多少の割れや欠けならば、植物の葉を嚙んで作った自前の「漆喰」で塞ぐ程度の修理はする。おメガネにかなう殻を見つけると、後は他のツツハナバチ類と同じ要領で殻の内部へ奥から巣部屋をこしらえ、花蜜を蓄えていく。

このハチは自分が営巣中のカタツムリの殻を、必ず口の部分を下側にして立てるくせがある。試しに留守中に殻を寝かせておくと、外勤から戻ったハチはすぐさまこれを立て直す。内部に餌を蓄え終わると、メスは殻の口を塞いで戸締りし、もう二度と戻らない。殻の内部では、やがて孵化した幼虫が花蜜を餌に成長していく。そして恐らく初夏には蛹となるが、そのまま殻の中で数カ月を過ごし、翌年の春に羽化して外へ脱出する。

巣を作るのが目的なので、基本的にカタツムリの殻に出入りするのはメスである。しかし、発生期の初期にはメスに先駆けて羽化したオスが、カタツムリの殻の上に陣取って後から出てくるメスといち早く交尾しようと待つのが見られる。時には、オスがメスを求めて殻の内部まで入ることもあるようだ。なお、ツツハナバチの仲間で死んだカタツムリの殻内に営巣する習性を持つのは、日本固有種であるマイマイツツハナバチに加えてヨーロッパ産の一種のみである。

九州のとある裏山に、このハチが安定して生息する場所がある。鬱蒼とした竹林と開けた草むらが近接した環境で、四月半ば頃になるとその二つの環境のちょうど境界あたりをメスのハチが盛んに低空飛行する。カタツムリの殻を探しているのだ。

試しに、あらかじめ別の場所で拾っておいた殻をそこに転がしておくと、やがてハチが気づいて舞い降りる。そして殻の中に入って数分経つと、外へ出てきてどこかへ飛び去る。その後しばらくして再びハチが戻ってくれば、その殻を使って営巣する心づもりがあるということだ。周囲に生えているオドリコソウで吸蜜したり、野イチゴの葉を齧って巣材調達をする姿が、五月上旬まで観察できる。

マイマイツツハナバチは、どこの産地でもうじゃうじゃいるものではないにせよ、従来はさほど珍しい生き物とは見なされていなかった。しかし、近年では平地の里山の開発、土地造成などの影響で減ってきている。このハチの場合、生息のために各種の蜜源植物にくわえ、大型カタツムリが同所的に生息することが必須である。常に一定個体数のカタツムリが生まれては死に、その結果空き殻が供給され続ける状況があらねばならない。開けた草原、湿度の保たれた林やヤブといった多様な環境が継続してそこにあり続けないと、このハチは生きていけないだろう。

## †高原の毛玉たち

大型で毛深いぬいぐるみのようなマルハナバチの仲間は、ハナバチの中では馴染み深いグループの一員であろう。主に北半球を中心に栄えている分類群で、涼しい地域に種数が多い。

アジアの熱帯では高標高の地域でなければ見ることはできないが、中南米では熱帯の低地に適応した種がいる。私はペルーのアマゾン川流域でそれを見たことがあるが、寒い地域にいるイメージのあるマルハナバチが、蒸し暑いアマゾンのジャングル内を盛んに飛びまわる様は、異様を通り越して不気味ですらあった。日本では二〇種程度が分布するが、その多くは北海道か本州中部の山岳地帯でのみ見られる。

マルハナバチ類は社会性をもつハチで、春先に越冬から覚めた新女王が単独でコロニーを一から立ち上げる。新女王は、地中にできた小動物の古巣などを利用して、自ら分泌したロウで巣部屋を作る。最初のうちは女王が外勤して花蜜を集めるが、やがてワーカーが育ち羽化してくると、自分は産卵にのみ専念する。

巣はその後少しずつ拡張していくが、日本産種であれば遅くともその年の秋の終わりまでにはコロニーが瓦解する。この頃にはワーカーたちはすべて死に絶え、来年新女王となるメスバチとオスバチが外へ飛び出し、交尾する。交尾に成功しようがしまいがオスバチもやがて全員死滅し、メスバチだけが地中や朽ち木内に潜り込んで翌春まで冬眠する。

長野県松本市に住んでいた頃、私は美ヶ原高原へ原付で足しげく通った。ここには季節によりアザミやマツムシソウ、リンドウといった山野草がいくらでも生えており、そんな花々に訪れる多くのマルハナバチたちをつぶさに観察することができた。トラマルハナバチ *Bombus diversus* やオオマルハナバチ *B. hypocrita* といった、比較的低標高でも見かける種にくわえて、特にここで多く見かけたのは**ナガマルハナバチ** *B. consobrinus*（情報不足）だった。

体長二・五センチメートル内外、体中が長い黄色の毛で覆われたハチだ。背面から見ると、腹部には一本の目立つ黒帯が入る。本種は、国内では本州の亜高山帯にのみ見られる種で、最大の特徴は舌（中舌）の長さである。マルハナバチ類はもともと多かれ少なかれ舌が比較的長い種が多いが、ナガマルの舌は日本産マルハナバチ類の中でも殊更に長い部類に入る。この舌のおかげで、彼らはツリフネソウなど、長い距《きょ》の奥に蜜を溜めた花からも吸蜜できるのだ。

私がよく足を運んだ美ヶ原高原のとある牧場周辺では、ナガマルにくわえて同じく高原性の**ウスリーマルハナバチ** *B. ussurensis*（情報不足）も多かった。やはり国内では本州中部の高標高地でのみ見られる種で、体長はナガマルとほぼ変わらないが、全身がうっすらウグイス色がかった黄色で、腹部は上から下まで整然とした縞模様になっている。彼らは初夏くらいから活動を始めるが、他の虫たちが活動を終えて個体数を減じる秋口には、やたら目につくようになる。肌寒い風が吹く頃になっても、厚い毛皮で覆われた彼らは問題なく活動できる。

日本の山野草にとって、悪天候下でも活発に活動するマルハナバチ類は、花粉を効率よく運んでくれる重要なパートナーと言える。また、マルハナバチは立て続けに同種の異株の花を訪れるくせがあるため、自分の花粉を確実に同種のよその花に届けてほしい植物には願ったり叶ったりのポリネーターである。

ところが、近年そのマルハナバチ達が、日本各地で急激に個体数を減らしている。道路建設による草原の減少や、温暖化による気温上昇により分布が衰退しているらしい。増えすぎたシカの食害による吸蜜植物の減少も、本種の生息を圧迫していると思われる。

ウスリーマルハナバチ

先述の美ヶ原高原の牧場では、ウスリーマルハナバチは最普通種と言って差し支えないほど多かったのだが、二〇一〇年の秋に見たのを最後に突然姿を消した。以後現在に至るまで、牧場周囲四―五キロメートルほどを含めて再三の捜索を行っているが、まったく発見できない。ナガマルはまだいるが、数年前よりはだいぶ見かける個体数は減った。

高原だけでなく、平地でもマルハナバチは減少している。全身黒くて尻だけ赤い**クロマルハナバチ** *B. ignitus*（準絶滅危惧）は、本州から九州の平地から低山にかけて広く分布する。かつては本州を代表するマルハナバチの一種であったが、これも近年よくわからない原因により全国的に激減した。不可解なのは、同じく平地に分布し、外見のよく似たコマルハナバチ*B. ardens*は目立った減少傾向が認められないことである。

クロマルハナバチ

クロマルに関しては、やっかいな問題がある。日本では一九九〇年代から、ヨーロッパ原産の外来種セイヨウオオマルハナバチ*B. terrestris*のコロニーを商品化したものが販売されはじめた。農作物受粉のため、これが日本各地の農業用ビニールハウス内で飼養されるようになったのだ。ところがこの外来バチ、野に逃げ出して野生化すると、在来種のマルハナバチの巣を乗っ取る、交雑して雑種を作る、周囲に自生する山野草から花粉を運ばず蜜だけ盗み、種子を作らせなくするなど、在来生態系に多くの問題を引き起こすことが判明した。そのため、最近では在来種たるクロマルのコロニーが商品化され、各地のビニールハウスで外来バチに代わって飼養されるようになってきている。しかし、クロマルには北海道など、国内でもともと分布しない地域がある。そのような場所で、人が飼養したクロマルを逃がして野生化させてしまうと、結局外来バチが野生化したときと変わらないような問題が起きるおそれがある。

　また、日本産クロマルは本州から九州にかけて、地域により遺伝的に異なる個体群からなることがわかっている。飼養用に養殖されているのは、どこかは知らないが恐らく特定地域由来の個体群であるはずなので、それが別の地域で逃げて野生化してしまえば、次のような問題も起こりえる。

　あくまでもこれはたとえだが、北日本のクロマルは寒さに強く、西日本のクロマルは高温に強い、といったように、各地の個体群はそれぞれの土地、環境に適応し、そこで生きていくのに最も都合のいい性質を獲得していると考えられる。そうした性質の発現は、それぞれの土地のクロマルの先祖から代々受け継いだ、遺伝情報の賜物である。有性生殖を行う生物は、父方と母方から受け継いだ遺伝子を半分ずつ持つため、ある土地で関係ない地域のクロマルが放たれ、在来の個体がそれと交雑してしまうと、間に生まれてきた子はその土地特有の個体群の遺伝子を半分しか受け継がないことになる。よって、その子は本来の個体群の子よりも、その土地で生きていくための力が弱くなり、死に易くなるだろう。

　他所由来の個体が多く野に放たれるほど、交雑の機会は増え、結果としてその土地で生きていくのが難しい子孫ばかり生まれる。そしていずれは、そこの地域個体群の衰退へと繋がっていく。外来種セイヨウに関しては、すでに法律により、農業目的で飼養する際にはハウス外へ逃げ出さないよう厳格な管理が義務づけられている。一方、クロマルを含め在来マルハナバチ類の飼養に関しては、今のところ法的な規制はない。

しかし、「もともと日本産のハチだから、外へ逃げても大丈夫」などということはない。むしろ、外来バチ以上に慎重な管理が求められていくべきだと、私は思う。

## †千里眼を持つ狩人

**フクイアナバチ** *Sphex inusitatus*（準絶滅危惧）は、体長三センチメートル前後の比較的大きなハチの一種で、全身が漆黒をしている。最初に見つかったのが福井県内の神社の境内だったためこの名がついたが、その後西日本を中心に本州、九州のいくつかの場所で見つかっている。いずれの場所でも、さほど数の多いものではない。
自身の幼虫の餌にするため、他種の虫を狩り集める狩人蜂たるこのハチは、獲物としてハネナシコロギス *Nippancistroger testaceus* という、茶色いバッタともコオロギともつかぬ虫を特異的に狩ることで知られる。ハネナシコロギスは樹上性で、日中は木の葉を巻いた上に自分の口から吐いた糸で固定したものの中に隠れて休むという、少し変わった習性を持つ。数ある昆虫の中から、わざわざそれだけを見つけて捕まえるフクイアナバチも、それと変わらぬ変わり者と言えるだろう。毒針で獲物の神経節を刺して麻酔し、巣へと運んで幼虫の餌にしてしまう。本種は、地中に穴を掘って巣とする。

　夏、九州のとある山に登った私は、たまたま山の途中に作られた狭い駐車場で休憩した。敷地脇の、枯れ草に覆われた斜面で腰を下ろし、持参した軽食をとろうとしたその時。大きな羽音と共に、何かが上から降ってきて、目の前に着地した。何かと思ったら、真っ黒いハチが何か緑色のものを抱えているではないか。生まれて初めて見たフクイアナバチだった。

フクイアナバチ

　しかも、それが抱えているものを見て、私は首をかしげた。通常、このハチが獲物として狩るのはハネナシコロギスのみとされている。しかし、私の目の前にいるハチが抱えているのは、ハネナシコロギスより一回り大きい、近縁種たる普通のコロギス *Prosopogryllacris japonica* だった。ハネナシコロギスの近縁種なのだから、これを獲物として狩ることは決して不思議ではないのだが、こういうこともあるのかと思った。

　ハチは獲物を抱えながら右往左往していたが、やがてとある場所の枯れ草をかき分けて地中に消えた。そこの草をそっと取り除くと、巣穴が開いていた。その時、また別の羽音が聞こえてきて、別の個体のハチがやってきた。こちらはセオリー通りにハネナシコロギスを抱えており、こいつもやはり地面をうろうろした後少し離れた所の枯れ草をかき分けて姿を消した。

この場所は一面が枯れ草に覆われており、地肌が見えないのだが、どうやら複数個体のハチが営巣場所として使っているらしい。ハチが今まさに出入りする瞬間をちゃんと見届けていないと、巣穴の所在など絶対にわからない。よく自分が作った巣の場所を正確に記憶しているものだと感心した。

しかしそれ以上に感心すべきは、彼らの狩りの手際よさだろう。ハチに俄然興味を示した私は、そのままそこに三時間くらい居座ってハチを観察し続けた。見ていると、ハチは獲物を巣穴に運び入れた後再び外へ出てきて、どこかに飛び去っていく。そしてまた別のハネナシコロギスを狩って戻ってくるのだが、だいたい一匹のハチが出かけてから次の獲物を抱えて戻るのに三〇分程度しかかからない。

虫採りをしたことのある者ならわかると思うが、基本的にハネナシコロギスなどという虫は、人が森に入ってこうも容易《たやす》くぽんぽん見つけてこられるような虫ではない。私は一三年間、ハネナシコロギスの生息する長野の裏山に通い続けていたが、ハネナシコロギスを自分の目で野外から見つけ出した回数など一〇回くらいしかない。私が一三年かけてようやく見つけた個体数の半数近くを、たった一匹でたかだか三時間程度の間に集めてしまえるのだ。どういう探し方をしているのか、ハチが口を聞けるのならば教えて欲しいくらいだ。

ちなみにこの時私はハチの観察に夢中になってしまい、途中から本来の目的たる山登りのことなどすっかりどうでもよくなってしまっていた。

**†オケラハンター**

ケラトリバチは、その名の通り地中で生活するオケラの名で知られるケラ *Gryllotalpa orientalis* を専門に攻撃する狩人蜂の仲間で、日本の本土からは全身黒いクロケラトリ *Larra carbonaria* と、腹部の付け根から中央にかけて赤いほかは全身黒い**アカオビケラトリ** *L. amplipennis*（準絶滅危惧）の二種が知られる。アカオビの方は本州から南西諸島、東南アジアまで分布する種で、黒っぽい色調の種が多い日本のアナバチ類の中にあっては目に映える美麗種と言える。

常に地中に隠れて住むオケラを狩るため、このハチの仲間は非常に洗練された戦法を持つ。オケラが住む水田や河川敷、海岸沿いの湿った地表には、彼らが掘り進んだトンネルがウネ状に走っている。ハチはこのウネに沿うように素早く地表を徘徊し、恐らく地面に

アカオビケラトリ

こびりついたオケラの排泄物などの匂いを頼りに、最近掘られたトンネルを見つけ出す。その後は、発狂したかのような勢いでトンネルを掘削して、その中に滑り込む。トンネル内を走り回り、地中のケラを外へ叩き出そうとするのだ。

一定時間地中を走ると、ハチは一旦地上へ顔を出し、周囲にケラが追い出されていないかを確認する。この時、オケラくらいのサイズで動くものが視界に入ると、何かれ構わず問答無用でそれに突撃を仕掛ける。しかし、大抵はまるで関係ない通りすがりの虫であることが多く、間違えて突撃したハチは悪びれも謝りもせず、再び地下に潜行する。本命の標的たるオケラが出てくるまで、飽きもせず何度もその行為を繰り返す。

やがて、耐え切れなくなったオケラが地表に飛び出してくると、ハチはそれ来たことかと追撃して捕縛し、獲物の胴体に取りつき、毒針でオケラの胸部を突き刺す。途端にオケラは雷に打たれたように動かなくなるが、この麻酔はほんの二、三分くらいしか効き目がない。その間に、ハチはオケラの体表に卵を取りつける。*一般的にアナバチ類は、ちゃんとした巣をこしらえてそこに永続的に麻酔した獲物と自分の卵を封印する、という習性を持つ。しかし、ケラトリバチはアナバチ類としては例外的に巣を作らず、生きた獲物に直接産卵するという寄生の様式をとっている。

産卵後、ハチは麻痺したオケラの傍でしばらくじっとしており、まだ動かない獲物が自分の卵ともどもアリなどに持っていかれないよう監視する。やがて息を吹き返したオケラがその場を立ち去るのを確認してから、ハチもその場を去る。オケラの体表で孵化したハチの幼虫は、その中身を日に日に吸っていく。寄主は最初元気にふるまうが、やがて弱っていき、ハチの幼虫が成長しきる頃に死ぬものと思われる。

九州のとある砂浜海岸には、波打ち際から離れた場所に常時真水のしみ出ている区画がある。ここには無数のオケラのトンネルが走っており、夏ならばかなりの数のアカオビケラトリがうろついているのを見られるのだ。盛んに触角で地面を打診し、オケラが最近そこを通ったかどうか確かめている。しかし、私がそこにアカオビケラトリが多産することに気づいたのが、もう夏の盛りを過ぎたころ。この時期になってしまうと、初夏から活動しているこのハチたちは、その場所に生息する寄主をおおかた狩り尽くしてしまっている。だから、いつまで観察していても、その巧妙なハンティングの様は観察できなかった。

近年、オケラは都市近郊では減ってきているといわれる。水田や護岸されていない沼、河川敷の砂地など、常時湿った平坦かつ広大な地面のある場所がだんだん身近でなくなってきたからだ。「ミミズだってオケラだって、アメンボだって……」という歌を大概の日本の子供は歌わされるが、オケラを見たことのある子供は今の日本にどれくらいいるのだろうか。人間は、別にオケラが身近にいようがいまいが損も得もしないから、オケラが歌の中だけにいる生き物になったって困りはしない。でも、アカオビケラトリはそういうわけにはいかない。日本の水辺にだけ住むこの美しきハンターは、寄主ともどもひっそりと姿を消そうとしている。

＊拙著『裏山の奇人』（東海大学出版部）において、「ケラの体内に産卵する」としたのは誤りであった。謹んで訂正したい。

## †余所の家主になりかわる

一般的に、アリは一年のうちのある時期に結婚飛行というイベントを行う。巣から無数のオスとメスの羽アリが飛び出し、空中で交尾を行う。そして、オスは首尾よく交尾できようができまいが、その後まもなく死ぬ。

一方、交尾が済んだメスは地上に降り立ち、自ら翅を落としてしまう。飛べなくなったメスは、急いで手近な地面や朽ち木に穴を開けて小さな部屋を作り、中に閉じこもる。このメスが新しい女王として、たった一匹で産卵・子育てを行い、少しずつ働きアリを増やしていく。やがて、増えた働きアリたちは巣を拡張していき、ゆくゆくは立派な大帝国が築かれるというわけだ。我々の身近にいくらでも見つかるたいていのアリの巣は、もともとは皆このような壮大なドラマの下に成り立ったものばかりである。

ところが、アリの種の中には自力で巣を作らず他種のアリの巣にこそこそ居候したり、まるごと乗っ取ってしまう「社会寄生性」と呼ばれる連中がいる。コロニー創設者たる新しい女王にとって、単独で一からコロニーを立ち上げるのは大変な労力を費やす一大事だ。もし、既に他の誰かが作り上げた巣を丸ごと全部奪って私物化できるならば、コロニー創設に費やすエネルギーを大幅に節約できる。そして、節約できた分のエネルギーを、より多くの卵を産みまくることにまわせるだろう(もちろん、その卵を生んだ後の世話は周りの召使いに全部やらせればいい)。

アリという分類群は非常に種数が多く、世界各地に分布を広げて繁栄を極めている昆虫類である。生態的にも極めて多様化しており、本当に同じアリの仲間なのか疑わしく思えるほどの種もいる。それゆえ、それらアリの仲間の中から、仲間内の上前をはねる「ズル」に特殊化した種が出現することは、何ら不思議ではない。

ただし、アリという生物は本来、非常に高度な巣仲間認識システムを持っている。体の表面を覆う匂い成分、体表の手触り、音などなど……。そのため、百戦錬磨の社会寄生性アリたちといえども、彼らが首尾よく他種のアリの巣に侵入し、乗っ取れる確率は非常に低い。これは、巡りめぐってくれば社会寄生性アリたち自身にとっても大事なことになる。すべてが百発百中で乗っ取りに成功していたら、受け入れ先の寄主の巣があっという間にその地域内から全滅してしまうだろう。その乗っ取りの成功率が低いゆえに、社会寄生性アリの仲間は全体的に珍種が多い。

アメイロケアリ亜属は、近縁のケアリ亜属のアリの巣を乗っ取ることで知られる、全身が黄色っぽいアリの仲間だ。結婚飛行を終えて地上に降りた新女王は、あたりを徘徊して乗っ取れそうな寄主の巣を見つけ出す。いざ見つけると、その巣の周囲を行き来する寄主の働きアリのうち一匹を捕まえ、すぐさま八つ裂きにしてしまう。その死体の匂いを自身の体に十分こすりつけたあと、新女王は寄主の巣へと入り込む。そこで数日間は仲間のふりをして大人しくしているが、やがて寄主の働きアリたちを何らかの方法で手懐《てなず》けていき、最後にはその巣にいる寄主女王を殺す。

邪魔者を葬り、晴れてその巣の新しい女王に成り代わったアメイロケアリの新女王は、ひたすら産卵に専念し、それをしもべたちに育てさせる。これにより、次第に巣内ではアメイロケアリの働きアリたちが増えていくが、反対にもともとその巣にいた寄主の働きアリたちは、もはや再生産されないので次第に減っていく。そしてついには、その巣はアメイロケアリのみで構成される巣となり、乗っ取りが完了する。アメイロケアリの場合、最初のコロニーの立ち上げが自力でできないだけであり、自分たちの働きアリが増えてくれば、ちゃんと自立した生活が継続できる。

アメイロケアリ亜属のアリは日本に三種いて、うち二種（アメイロケアリ *Lasius umbratus* とヒゲナガアメイロケアリ *L. meridionalis*）は近所の公園などで比較的普通に見られる。ところが、残りの一種たる**ミヤマアメイロケアリ** *L. hikosanus*（情報不足）という種は、これまでほとんど発見例がない。日本固有種のこのアリは、長らく三県（青森県、岐阜県、福岡県）のみでしか確認されておらず、しかもそれら発見場所の多くは山奥のブナ林だという。大木の根際に巣を作っているが、ほとんど外を出歩かないので非常に見つけにくい。

ミヤマアメイロケアリ

かつて長野県に在住していた頃、隣県の岐阜にいるなら長野にもいるんじゃないのかと思い、探しに行ったことがあった。長野県内には、古くは広大なブナ林があちこちに広がっていたと言われている。しかし、戦後の復興に伴う木材需要から、そのほとんどが徹底的に伐採され、時代の流れとともに無機質なスギとカラマツの植林地帯へと変貌していった。それゆえ、県内でまとまった規模のブナ林が残されている地域は、非常に限られている。その限られたうちの一つである、県北の奥深い山林に分け入った。

奈落の谷底を眼下に見下ろしつつ、死に物狂いで急峻な斜面にへばりつき、大きな石を地面から引き抜くようにいくつもいくつも引き抜いていった。そして何個目かを裏返したとき、その裏側にくすんだ黄色のアリが数匹走り回るのを見つけた。捕まえて背中を拡大して見れば、胸部の後ろが特徴的な「弧」を描き、まさに探し求めていたミヤマアメイロケアリそのものであった。発見場所の周辺には、小型のハヤシケアリ *L. hayashi* が非常に多く営巣しているのが認められた。

ミヤマアメイロケアリの生態には不明な点が多いが、きっとこれらアリの巣を乗っ取ってコロニーを拡大させていくのだろう。著者の調査により、ミヤマアメイロケアリの生息が認められた県は、全部で四県となった。しかし、実際にはもっと日本中あちこちのブナ林で、彼らは人の目を避けて生き続けているに違いない。

古くは木材としての価値が低い駄木と見なされ、「ブナ退治」などといって人間にさんざん駆逐されたブナだが、今では豊かな森の象徴としてこれを保全しようという機運が高い。今後、日本国内のブナ林が大々的に人の手で直接破壊される危険性は低いように思う。

他方、各地で急速に顕在化してきているシカの食害が、ブナ林存続の脅威となるかもしれない。

## 幻のいばりんぼう

ミヤマアメイロケアリを含むアメイロケアリ亜属のアリは、コロニー創設の時だけ他種のアリを労働力として使役するアリであった。次に紹介するのは、初めから終いまで他種のアリを使役せねば生存できないタイプの社会寄生性アリである。

イバリアリ属は北半球の各地から二〇種前後知られる小さな仲間で、すべてが近縁のシワアリ属の巣に寄生する。寄主の女王を殺さずに、一つの巣内に寄主のコロニーと寄生者のコロニー両方が共存するという種もいる。はたまた、寄主の女王を殺してしまい、寄生者がその巣の女王に成り代わる種もいる。ただし、この場合だと寄主の働きアリが寿命で死んでも再生産されないため、やがて働き手が巣から一匹もいなくなってしまう。

この手のアリは、自分たち自身では食事など基本的な生活すらできない。なので、自分の巣内から「召使い」が完全に死に絶える前に、周囲にある他の寄主アリの巣を定期的に襲撃し、そこから労働力となる寄主の幼虫や蛹をさらってこないといけない。これを「奴隷狩り」と呼ぶ。イバリアリ属は全種がかなりの珍種で、どれも簡単に発見できない。日本産の種も、その例に漏れない。

日本で見られるイバリアリ属の種はイバリアリ *Strongylognathus koreanus* 一種のみで、同種が朝鮮半島からも知られる。このアリは、日本各地でごく普通に見られるアリの一種トビイロシワアリ *Tetramorium tsushimae* の巣を乗っ取る。それならば、日本各地でこのアリが見つかってよさそうなものだが、どういうわけかイバリアリは、日本ではたった二県内のごく限られた地点でしか見つかっていない。しかも、二〇〇〇年代初頭に発見されるまで、四〇年近く発見例が途絶えていたという曰くつきの種である。

イバリアリ

見つかったのは山梨県内のとある何の変哲もない河原で、著者の友人が見つけた。その後、単独で数回調査に出向いたところ、広大な川の流域にそってイバリアリのコロニーが数カ所点在することを突き止めた。
乗っ取られる側のトビイロシワアリは全身真っ黒だが、イバリアリは全身赤みがかった鮮やかなオレンジ色をしている。そして、キバは草刈りガマのように細く鋭い。河原の地面に埋もれた石を裏返してそのコロニーを暴くと、赤いアリと黒いアリが同時にくんづほぐれつパニックを起こして、地中の穴へと逃げ込もうとする。その様は滑稽であり、異様でもある。

トビイロシワアリは、一つのコロニー内に複数匹の女王が存在する「多女王制」の種であり、普通の巣だと、五、六月くらいに巣を暴けば必ず数匹の女王が見られる。しかし、イバリアリに寄生されたトビイロシワアリの巣を今までいくつか暴いたが、これまでトビイロシワアリの女王をそれらコロニーの中に見かけたことはない。そのため、日本産イバリアリの生態に関してはほぼ何もわかっていないに等しいが、おそらく新女王が最初に寄主巣内に侵入した際、トビイロシワアリの女王を皆殺しにしてしまうのではないかと考えている。

しかし、イバリアリの野外での生態調査は容易ではない。ただでさえコロニー数が極めて少ないのに加え、生息地の河原で、たびたび河川改修が行われており、その少ないコロニーがますます減っているからだ。今まで見つけたコロニー所在地のいくつかを訪れたら、ブルドーザーが根こそぎ地ならししている最中だったということが、一度や二度ではない。そんなこんなで、今のところ私が認識しているコロニーは、とうとう一カ所だけになってしまった。

それにもかかわらず、このアリは二〇〇七年以後のレッドリスト改訂以後、絶滅危惧種から外されるという不可解な処遇を受け、現在に至る。あまりに記録が少なすぎて、絶滅危険度の判定がしかねる故と思われるが、何もレッドリストそのものからごっそり削除しなくてもいいんじゃなかろうか、と個人的に思う。

なお、このイバリアリという不可思議な名の由来は、よくわからない。著者は当初、他のアリを奴隷として使役するから「威張りアリ」だと思っていた。しかし、日本産アリ類の研究者団体「日本蟻類研究会」の元会長に尋ねたところ、一言「知らん」と言われた。日本を代表するアリ研究の権威さえ由来を知らないのだから、まったくの謎なのである。

## †やがて去りゆく高原の思い出

涼しい高原地帯へ行くと、しばしば道端の草むらに枯れ草を積み上げた小山状のものが見つかる。試しに足でその小山を蹴ってみると、途端に中から赤い色をした大量のアリがドバッと湧き出てきて、一斉にこちらの足に噛みついてくる。これは大抵**エゾアカヤマアリ**（絶滅危惧Ⅱ類）をはじめとするヤマアリ類の作った巣、すなわち蟻塚である。

寒冷な地域に分布するヤマアリ属のいくつかの種では、周囲から集めた枯れ草などを積み上げて大きな蟻塚を作ることが知られている。蟻塚を形成することにより、巣内の温度を一定に保ちやすくなる効果があるからだ。日本ではエゾアカヤマアリのほか、ケズネア

カヤマアリ *F. truncorum*、ツノアカヤマアリ *F. fukaii*（情報不足）が大きな蟻塚を作る。

近年、日本ではあまり巨大な蟻塚を見つけられなくなっているが、時に高さ一メートル近くにもなる大きなものが見つかる。また、北海道の石狩浜においては、別々のコロニーによって形成された複数のエゾアカヤマアリの塚が融合して連なり、総延長一〇キロメートルにも渡る「スーパーコロニー」を形成するため、アリ学者の間では世界的によく知られている。

エゾアカヤマアリ

なお、テレビで自然を紹介する番組を見ていると、オーストラリアやアフリカの巨大な「蟻塚」がしばしば出てくるが、これらは実際にはアリではなく、シロアリの作った塚である。本物のアリで顕著な蟻塚を形成する種は、世界的に見ても非常に限られている。

エゾアカヤマアリは北海道から本州中部にかけて分布し、北海道では平地でも見られるが、本州ではより南方ほど高標高地でしか見られなくなる。しかし、海沿いの開けた草原から森林地帯まで、種全体として見れば生息できる環境の幅は広い。彼らは肉食に偏った雑食性で、アブラムシなどが出す甘い排泄物を舐めるほか、生きた昆虫なども積極的に襲う。

この仲間のアリによる昆虫の捕食圧はかなりのもので、ヨーロッパでは森林を荒らす毛虫などの発生をコントロールしてくれるということから、塚を作るヤマアリを法律で保護しているほどだ。一般に、生息地ではきわめて高頻度に生息しているアリゆえ、莫大な量の昆虫がこのアリによって捕食されているであろうことは疑うべくもない。

さらに、蟻塚が形成されると、その周囲にアリが餌の食べ残しなどのゴミをたくさん捨てることになる。当然、排泄だってする。これにより、蟻塚周辺の土壌中に栄養塩が蓄積し、植物が育ちやすくなる。多くのアリたちが塚を作って住めば、その地域に見られる植物群落の成り立ちも変化してくるだろう。彼らの生息は、その地域の生態系全体に多面的な影響を与えているのだ。まさに、小さな巨人である。

エゾアカヤマアリは、かつては高標高地ではごくありふれたアリの筆頭だった。しかし、近年になってこのアリの分布域が次第に衰退してきている。著者が大学生だったころ、長野県の乗鞍岳《のりくらだけ》の麓あたりには、おびただしい数のエゾアカヤマアリが営巣していた。車道脇の歩道には、せかせか走りまわる大量の働きアリが往来していたものだった。それが、二〇一〇年辺りには軒並み姿を消し、平地にもいるごく普通種のクロヤマアリ *F. japonica* に取って代わられてしまった。

この傾向は、日本各地の産地でも多かれ少なかれ認められるらしい。もともと涼しい気候に適応した種のため、近年の夏季における異常な高温、ないしその状態が長期間継続するようになったことが原因だと私は思っているが、詳しい原因は分かっていない。また、単純に生息地の人為的な改変も、当然このアリを追いつめている。石狩浜のスーパーコロニーは、観光客のレジャーによる自動車の乗り入れなどで細切れに分断され、縮小の一途を辿っている。

ツノアカヤマアリ

## †予想もせぬ迫害の憂き目

ツノアカヤマアリは、先述のエゾアカヤマアリ同様、寒冷地に分布し大きな蟻塚を作るヤマアリ属である。ただし、エゾアカに比べるとその塚の規模は小さい場合が多く、平べったくつぶれたかたちに見える。働きアリは一見してエゾアカのそれにそっくりであり、しばしば同じ地域内に混在するのも手伝って、素人目には区別しがたい。しかし、ツノアカの働きアリは後頭部がへこんでおり、長めのハート型に近い顔立ちのため、慣れればすぐに区別がつく。頭の両側がカドばっていることからこの名がついたのだが、ツノアカよりはカドアカのほうがふさわしかったかもしれない。

ツノアカの国内分布は北海道から本州にかけてで、エゾアカの分布とほぼ重複する。しかし、ツノアカのほうがやや暖地での生活に適応しているようで、エゾアカが見られない中国地方まで分布している。当然ながら、西日本ほど山間地で見られるようになるが、しかし稀になる。北日本ではけっして珍しいアリではないが、それでもエゾアカに比べると一地域内に見られるコロニー数は少ない。

長野県の木曾地域に広がる開田高原は、古くから家畜の餌となる牧草を育てる採草地として利用されてきた。長野県在住時、私はよくこの高原へ虫を探しに行ったが、ここのとある畑の脇には大きなツノアカヤマアリの塚が一つだけあった。私はここへ来るたびに、この塚にちょっかいを出して遊んだものだった。エゾアカほどではないが攻撃的な彼らは、人が塚へ近寄っただけでこちらを向いて姿勢を高くし、腹を前方へ曲げた体制をとる。強力な蟻酸をいつでもこちら目掛けて発射し、攻撃できるようにするためだ。

こちらが余計な動きをせずにじっとしていると、やがてアリたちは警戒を解き、普段どおりの外勤を再開する。周囲から拾ってきた大きな虫の死骸を巣内へ運び込んだり、巣材として枯れ草の切れ端やタンポポの綿毛などを持ってきて塚を補強しているさまを、私は飽くことなく眺めていた。それから一〇年ほどこの地から足が遠のいていたが、近年この場所を再訪したときには、もうツノアカの塚は消滅していた。それ以後、長野県内でツノアカを見かけたことはない。

エゾアカ同様、ツノアカも近年各地で減っているようだが、その原因はあまりはっきりしない。単純に温暖化が原因と結論づけてしまうのも、暴論に思う。日本国内における赤いヤマアリ属の分布衰退に関しては、経年的にしっかりデータを取って調べたほうがいいような気がしている。

最近、赤いヤマアリ類に関しては大きな心配事がある。侵略的外来種ヒアリ*Solenopsis invicta*の日本侵入である。強力な毒針を持つこのアリが日本各地の港湾地帯で発見され、ニュースになったことは記憶に新しい。これにより国内でにわかにヒアリパニックが広がり、環境省が市民向けに注意を呼びかけるチラシを作った。

ところが、その中にヒアリの特徴として挙げた「体が赤い」「大きな塚を作る」という情報を見た市民が、希少な赤いヤマアリ類をヒアリと勘違いしてしまう事例が若干あったらしい。言うまでもなく、ヒアリの防除殲滅は急務である。反面、専門家を交えた冷静な対処により、在来種の無関係なアリたちが誤解により駆除されてしまわないことを切に願う。

## †針山を背負うかぶき者

体長一センチメートル前後の比較的大型で、胸部が赤く、するどいトゲを持つという非常に変わった姿をしているのが、**トゲアリ**（絶滅危惧Ⅱ類）である。日本での分布は比較的広く、本州以南、屋久島まで確認されているが、生息域はわりと限られており、決まった場所でしか見かけない。

トゲアリ

主な生息環境は平地の雑木林で、木の洞に巣を構えていることが多い。このアリは社会寄生性の種として知られており、新女王は自力でコロニーを立ち上げる能力がない。そこで、同じく日本産アリ類としては大型種であるクロオオアリ *Camponotus japonicus* などの巣に侵入してそこの女王を殺し、自分がその巣の女王に成り代わる。

そのさまは非常に巧妙で、侵入してしばらくのあいだのトゲアリの新女王は、周囲にいるクロオオアリの働きアリの体にしがみついて体をなすりつける。こうして、そこの巣のクロオオアリの体表の匂いを奪い取り、コロニーの一員として溶け込むのだ。匂いの奪取が完了すると、トゲアリの新女王はクロオオアリの女王を探し出して噛み殺してしまい、自身がそこの巣の女王として振舞う。やがてトゲアリの働きアリが増えていき、逆にクロオオアリの働きアリは減っていくという、アメイロケアリ亜属のようなパターンを経て、巣の乗っ取りが完了する。ただし、クロオオアリは地中営巣性だがトゲアリは樹洞営巣性のため、乗っ取りに成功してある程度コロニーサイズが大きくなると、地中の巣を捨てて樹上へと引っ越すようである。

トゲアリは、基本的には普通種として見なされているが、先述のように社会寄生性という不安定な生活様式を持っているため、日本全国どこでもかしこでも数多く見られるアリというわけではない。事実、幼い頃からさんざんアリをいじり倒してきた私でさえ、実際に生きているトゲアリを野外で見たのは大学生になって以降だった。山梨県内の、クヌギやコナラが多く生えている雑木林だったと記憶している。

大木の根元近くに開いた洞から、多数の大きくてツヤめくアリたちが、樹幹へ地面へと採餌に繰り出しているのが観察できた。このアリたちにフッと息を吹きかけると、途端にその場で脚を突っ張らせて立ち止まる。そして腹を前方に曲げて、背中に生えた釣り針状のトゲをむき出し威嚇するのだ。幼い頃にこれを見つけていたら、きっと狂喜乱舞して毎日このアリの巣の前にしゃがんで動かなかっただろう。

こんな風に昔から「普通種」と言われてはいても実際にはさほど普通種でもなかったトゲアリだが、近年生息環境である雑木林の減少に伴い、従来以上に分布が衰退してきているようだ。また、先述の通りこのトゲアリの巣内にのみ寄生する全身金ピカの好蟻性のハエ、ケンランアリスアブも寄主の分布衰退を受けて個体数を減じている。ケンランアリスアブはトゲアリ同様、絶滅危惧Ⅱ類に指定されている。人間にとっては地味で取るに足らない存在であっても、他の生物にとってはその生活の根幹に関わる重要な役目を持つ生物というのは、相当に多いと思う。

### †本当に希少種なのか

ヒメアギトアリ属は、大きな頭とペンチのような顎をもつ小型のアリの一群だ。世界中の熱帯地域に広く分布するが、種数は九〇種程度と、アリの属としてはさほど多いほうではない。

本属のアリは肉食のハンターで、素晴らしい捕食生態を持っている。彼らはその強靭な顎を、ほぼ一八〇度グワッと開いた状態で固定し、そのまま外を出歩く。まるで地雷探査機のように辺りを探りつつ、獲物となりそうな生き物を求めて地表を徘徊する。彼らの口元からは、ごく細いフィラメントが前方に向かって突き出ており、これに何かが触れると反射的に顎が高速で閉じる仕組みになっている。このアリの向かう先にたまたまいた小昆虫は、接近してきたアリのフィラメントに触れた瞬間顎で挟まれ、さらに毒針で刺されて仕留められてしまう。

日本においてはたった一種、**ヒメアギトアリ** *Anochetus shohki*（準絶滅危惧）のみが石垣島と宮古島から知られている。見かけるのは荒れ地様の明るく乾いた環境である場合が多く、石の下に小さな部屋を作って住んでいる。コロニーサイズはかなり小さく、二〇—三〇個体以上からなるコロニーを野外で見たことがない。

ヒメアギトアリ

実は宮古島での最初の発見者は私である。宮古島の海沿いに続く、乾いた赤土の広がるサトウキビ畑の脇で小石を裏返し、アリの巣をほじっていた時のことである。かなり小さな規模のコロニーで、女王の他にワーカーが三、四匹いただけだった。一般に、ヒメアギトアリを含め毒針を持つ「ハリアリ」の仲間において、女王アリはワーカーにサイズも体型も酷似しているため、一見して区別しがたいケースが多い。しかし、このアリの女王はワーカーに比べて明らかに体色が黒っぽく、すぐに区別できる。

石垣島において、このアリはうじゃうじゃいるわけではないものの、比較的広範囲で普通に見つけられる部類である。ちょっとした草むらや荒れ地でしゃがんだときに、ふと目につくような、ごくありふれた虫である。しかし、二〇一五年に石垣市で制定された自然環境保全条例により、要注意種（石垣市ホームページによれば、「個体数の減少が見られ、むやみな捕獲・採集は控えるべき種」）としてこのアリが指定されたらしい。どのような選考基準でそのように決まったのか、個人的には知りたいところである。そもそも私は、個人的にこの種が環境省のレッドリストに載せられている状況自体に疑問を持っている。こんな種よりはるかに絶滅のおそれが高いイバリアリのような種のアリが他にもいるというのに。

### †子供の頃の悪友は今

家の軒先に、まるでハスの実のような巣を作るアシナガバチ。その巣をつついて怒らせ、それから死に物狂いで逃げる遊びは、私が幼かった頃大抵の同年代の悪ガキどもがたしなんでいたと記憶している。こんな遊びを、今の子供らはやったことがあるのだろうか。いや、親がそもそもこんな危険かつアホらしい遊びをさせないかもしれない。はたしてそれが子供にとって本当に幸せなのかどうか、それはここで議論する内容ではない。

日本の本州には八種のアシナガバチが生息している。その八種は、ほとんどが我々の身の回りで普通に観察されるもので、市街地でもそこそこ見かけるが、ちょっと田園の気配が漂う郊外まで足を伸ばせばおおむね全種見られるだろう。

そんなアシナガバチの中にも、近年めっきり数を減らしているものがいる。**ヤマトアシナガバチ** *Polistes japonicus*（情報不足）だ。関東あたりから西の日本各地の平地に広く分布し、温暖な地域ほど普通に見られる。また、沖縄より南の島嶼では別亜種に置き換わり、特に宮古島、八重山諸島のものは別種とする向きもある。

ヤマトアシナガバチ

我々の身の回りで見られる大型のアシナガバチとしては、キアシナガバチ *P. rothneyi* とセグロアシナガバチ *P. jokahamae* の二種が知られる。双方ともに一見似ているが、キアシは体色がかなり明るい黄色で、胸部背面の後方（前伸腹節）に一対の黄色い紋がある。セグロの体色はオレンジ味が強く、胸部背面の後方に紋がない、といった点で容易に区別できる。先述のヤマトは、これらキアシとセグロをまぜこぜにした感じの外見を呈するため、最初見たときに一瞬、種の判別がつきかねる。すなわち、体色はオレンジなのだが胸部背面の後方に紋があるのだ。体長はキアシやセグロに比べて一回り小さく、二センチメートル程度。

彼らの巣作りは、おおむね他種のアシナガバチのそれと大差ない。春先、冬眠から目覚めた新女王は、灌木の茂みや民家の軒下などに営巣を始める。周囲からかき集めてきた植物の繊維を使って、あの馴染み深い形の巣を作り、やがて生まれ出る働き蜂がそれを拡張していく。

アシナガバチの場合、巣部屋に収まった幼虫が蛹になる際に巣部屋に白いキャップ状の覆いをつけるが、日本ではヤマトとキボシアシナガバチ *P. nipponensis* という種に限り、そのキャップが鮮やかな黄色をしている。遠目に見ると、まるでお菓子のようでおいしそうだ。ヤマトの巣は、日本産アシナガバチ類の中では巣の規模が小さめの部類に入る。攻撃性も低く、軽く刺激した程度では攻撃してこないと言われる。

どこをとってもごく普通のアシナガバチで、日本産他種と比べても特殊な餌や環境条件を必要とするわけでもない。それなのに、近年このヤマトは全国的に不可解な激減を見せている。他のアシナガバチで、こういう減り方をしているものは見当たらない。しかも、その激減の原因がまったく分かっていないというのだから、気味が悪い。

一五年程前、母方の実家があった静岡の漁村では、夏になればうじゃうじゃとはいかないまでもあちこちで頻繁にヤマトを見かけたものだった。当時、祖母が住んでいた平屋の片隅に物置小屋があって、その周辺の生垣には毎年のようにヤマトが営巣しているのを見た。しかし、少なくとも一〇年前くらいを境に、この土地でヤマトを見た記憶がない。環境自体は以前と比べて、さほど大きく変わったように見えないのだが。

## 虫マニアの功罪2

昆虫の研究というのは、実のところどこかの大学のエライ教授やら、どこかの研究所のエライ研究員ばかりが行っている訳ではない。ごく普通の、本業の片手間で昆虫採集を趣味とするアマチュアの虫マニアたちが、昆虫研究者人口のうち大半を占めている。こうした人々による昆虫の調査・採集の結果得られた知見により、昆虫学という学問は発展してきた。双眼鏡で遠くから見るほかないような鳥や獣などと違い、昆虫は（法的に保護された種はさておき）ごく身近にいて、誰でも自由に捕らえ、手に取ることができるという希有な条件を満たした野生生物だ。誰もが物理的にも法的にも容易にコンタクトできるという利点が、研究対象という点で他のどの野生生物よりも昆虫のハードルを低くしている。このハードルの低さこそが、昆虫学を支える原点と言ってもよいだろう。

環境省のレッドリスト作成にしたってそうだ。少なくとも昆虫版レッドリストの場合、作成する委員の方々は押しも押されもせぬ高名な教授や博士である。しかし、その方々が「この種はレッドリストに載せる、載せない」の判定基準に使う資料は何かといえば、結局のところこれまで無名のアマチュア虫マニアたちが残してきた、過去の昆虫採集の記録に他ならない。これがなければ、どの種が過去に比べて増えたのか、減ったのか、どこに生息していたのか、いなかったのかという判断がいっさいできないのだから。

昆虫採集を禁止する法律や条令というのは、比較的すんなり可決されてしまうものである。何しろ、虫マニア以外誰も制定に反対する理由がないし、虫が採れなくなったところで困りはしない。加えて、そういう決まりごとを作ったという実績があれば、対外的に「この県(国、自治体でも)は自然保護に積極的で素晴らしい」ように見せかけることもできるので、一石二鳥だ。

しかし、自由に捕まえも触れも飼えもしない野生生物に、本当に心から親しみを持てる人間(特に子供)がいるだろうか。野生生物の中でももっとも身近で、手に取りやすい虫との触れ合いを禁じることにより、やがては自然そのものを人間の感性から遠ざけてしまう結果にはならないだろうか。自然がなくなっても、何の良心の呵責にもさいなまれない人間を量産することにはつながらないだろうか。この手の決まりごとを作る役人の方々には、今一度そうしたことを考えて頂きたいものである。私は個人的に、こうした決まりごとが増えることにより、大人の虫マニアの楽しみが減るということより、将来の自然科学を背負って立つであろう子供らから楽しみを奪ってしまうことの方が、より問題であり、罪深いことだと思っている。

もし、日本全国で昆虫採集が完全に禁止される未来があったとして、その日本では虫マニアに脅かされることもなくなった多種多様な虫たちが息づく、「古き良き自然豊かな景色」が広がっているのだろうか。残念ながら、私にはまったくそうは思えない。昆虫に関する生息状況しかり、生態しかり、情報源が一切途絶えた世界になるからだ。虫マニア以外に、誰が好きこのんで虫のことを捕らえ調べるため、一年中昼夜を問わずヤブに分け入り、沼に浸かり、荒波をかぶり、塹壕を掘り、コウモリの糞まみれの洞窟を這いずるのか。その行為を否定されたなら、何が絶滅危惧種なのか、どこに絶滅危惧種がいるか、誰にもわからなくなる。

そして、何もわからないままに乱開発だけが進みに進んで、原野や野原は「環境に優しい」メガソーラーの太陽光パネルだらけ。高まる自然災害から市民の安全を守るためだといえば、河川敷も海岸もすべてコンクリートで固めてしまっても文句は出まい。「遊んでいる土地」など、さっさと潰してショッピングモールか何かでも作っちまえば自治体も潤う。実際、すでに今の段階でさえ、日本はそんな雰囲気の世界に変わりつつある。

そんな世界じゃ、未来の子供は外で遊ぶよりも家でスマホゲームでもしていた方が楽しいに決まっている。それを見て大人は「子供が外で遊ばない、自然と触れ合わない」「子供の理科離れが深刻だ」などという。まさに、笑えない喜劇だ。

私はかつてとある県のレッドリスト編纂に、委員の一人として関わったことがある。その時、カタツムリなど陸貝版を担当する委員の方と話す機会があり、その人の言葉がずっと忘れられずにいる。陸貝版の委員はその方ただ一人で、ご高齢なのだが、「カタツムリには分布域が狭く、絶滅しそうな種が多い。だが、この県では私以外にカタツムリが好きできちんと調べている人が一人もいない。私はもう年なので、次回レッドリストの内容を見直す頃には、もう墓に入っているかもしれない。だから、次回のレッドリストには、陸貝のページはなくなっているだろう」と語っていた。こんな悲しいことが、いずれ昆虫においても現実のものになってしまうのだろうか。

# 6 バッタ目とその仲間

バッタ目は、バッタやコオロギ、キリギリスなどを含むグループである。他に、目は異なるがゴキブリが含まれるゴキブリ目、カマキリが含まれるカマキリ目などもこれに近縁であり、ガロアムシ目やカカトアルキ目など、聞いただけでは何の仲間やら見当もつかないような仲間も親戚筋にあたる。草原や河川敷など平地の開放的環境に住む種は、その開発の標的にされやすい生息地の立地ゆえに、住処を追われつつある。島嶼域に局所的な分布を示す種も、生存上の脅威が高まっている。また、地下空隙や洞窟に生息する種で、絶滅が危ぶまれるとされる種がいくつか散見されるが、これらに関しては今まで生息調査がほとんどなされてこなかった経緯があるため、実際に絶滅に瀕しているものか否かの判断は難しいであろう。

## †鬼の住処に住む者

ガロアムシという虫がいる。大ざっぱに言うならばバッタ目の親戚筋にあたるが、それとは別の仲間（ガロアムシ目、非翅目《ひしもく》ともいう）に属する。この仲間自体は、一九一四年に北米のカナディアンロッキーで最初に発見された。日本では一九一五年、日光の中禅寺湖畔で当時のフランス外交官ガロア氏が発見し、それにちなんでガロアムシの名がついた。その後、中国からシベリアにかけて点々と発見され、その分布域は非常に飛び地的で狭い。

しかし、この仲間と考えられる昆虫の化石は、現生種の知られていないヨーロッパや南米などからも見つかっており、古生代から中生代にかけては世界的に普遍的な分布をしていたと考えられている。つまり、現在生きているガロアムシたちは、太古の昔からこの地球に住んでいる「生きた化石」なのだ。

ガロアムシの仲間はいずれの種も、外見は細身で色の薄いコオロギのように見える。ただしコオロギと違うのは、どの種も一生翅を持たないことだ（化石種には翅を持つものが知られる）。幼虫の時はほぼ体が真っ白で、成長に従い褐色がかった体色に変わっていく。

高温にからきし弱い彼らは、山間部に広がる森林地帯の石の下や洞窟など、薄暗くて涼しく、年間を通じてじめじめした環境にだけ生息する。幼虫の成長は恐ろしく遅く、卵から生まれて成虫に育つまで五―七年もかかると言われている。成虫になってからも一、二年は生き続けるようで、昆虫としてはかなり長寿な部類と言えよう。

手近にある有機物ならばおおむね何でも食べ、特に肉食性の傾向が強い。一見してさほど凶暴そうな生き物には見えないが、他の小さな昆虫が近づいてくると目にも止まらぬスピードで取り押さえ、そのまま食らいつく。狭い容器に複数匹閉じこめておくと、共食いもしてしまうほど、獰猛な虫である。

日本産ガロアムシは今のところ六、七種程度が知られているが、分類が難しい仲間であるのと、そもそもこの仲間を専門に研究する分類学者が国内に少ないことから、まだはっきりとはわかっていないようだ。涼しい環境を好む虫であるため、北方かつ寒冷な地域ほど見つけやすい。例えば長野県などでは、少し山手に入って沢筋の石を裏返せば、割と簡単に何匹でも採れる虫である。一方、南方の地域では発見が困難になる。そして南方の種は、洞窟など比較的地下深い場所に生息する傾向が強くなる。**チュウジョウムシ** *Galloisiana chujoi*(情報不足)は、そんな西日本の洞窟に生息する珍しいガロアムシの一つだ。

別名メギシマガロアムシとも呼ばれるチュウジョウムシは、香川県の女木島《めぎしま》だけから見つかっている。女木島は、高松市街からフェリーで二〇分ほどの海上に浮かぶ小さな島で、桃太郎が鬼退治に出かけた「鬼ヶ島」のモデルになった島とも言われている。この島の小高い山の上には、恐らく人の手で掘削されたと考えられる洞窟があるのだが、チュウジョウムシはこの洞窟内で一九五七年に採集された一個体に基づき新種記載された。

この虫、見た目は山間部の石の下にいる普通のガロアムシに似ているが、メクラチビゴミムシのように複眼がまったくない。見るからに暗黒下での生活に高度に特化した様相を見せ、おそらく洞窟外には生息しない虫であろうことは誰もが予想したであろう。ところがその後、この洞窟内で二個体目以後がまったく発見されない状況が数十年間も続いた（そもそも、こんな虫を探そうと思い立つ人間がいなかっただけかもしれない）。二〇〇〇年代に入って研究者チームがチュウジョウムシの本格的な生息調査を行い、ようやく数個体が発見されたのだった。

私もこの不思議な虫の姿を一目拝みたいと思い、二〇一四年に女木島の洞窟を訪れた。最初に洞窟の入り口で、洞窟の管理者にチュウジョウムシの探索許可を貰った。その際、「あーあの虫？　探すのはいいけど、まず見つからないよ。前に専門家のセンセイっちが三日かけて探しまくって、ようやく三匹見つけた程度だから」と言われた。洞窟内に入ると、内部は観光用にかなり整備されている。天井には順路に沿って照明が煌々と点き、「鬼ヶ島」をイメージした鬼のハリボテがたくさん置いてあった。見るからに、洞窟性生物にとって過酷そうな環境で、探索は至難を極めそうな様相を呈していた。しかし、私は入洞してから数分以内に、目的の虫を一度に二匹も見つけたのだった。

乱獲（しに行く物好きがいるとも思えないが……）を助長しないために、どこでどうやって見つけたかは書かないでおこう。とにかく、「あること」を知っていれば簡単に発見できたのである。見つけたのはいずれも幼虫個体で、透き通る白い姿をしていた。顔は完全にのっぺらぼうで、まるで鉄仮面でもつけているかのようだ。地上で見かける同サイズの普通のガロアムシの幼虫に比べ、触角がかなり長い印象を受けた。

チュウジョウムシ

女木島の洞窟は、順路から外れた部分には柵が設けられている。そこから先は照明が点いておらず、観光客の立ち入りもできないようになっている。すでに観光整備してしまった領域は地表も乾燥してしまっており、虫の生息にはもはや不適であるが、人の入らない奥の方をそのまま温存すれば、チュウジョウムシはひっそりと生き続けられるだろう。

また、今のところチュウジョウムシは洞窟内でしか発見されていないが、おそらくメクラチビゴミムシ同様、地下水脈に沿って地中の間隙に生息しているはずなので、新たな産地を見つけるためには島内にある山沢の源流域の地面を掘削して探す努力も必要に思う。

実のところ、先述の洞窟内探索のついでに沢掘りも行うつもりでいたのだが、できなかった。現在女木島は過疎化が進んでおり、人の往来が少なくなってしまったため、山沢へと至る島内の細い小径が雑草と灌木で完全に覆われて通れなくなっていたのだ。加えて、近年島内で増加しているイノシシを捕獲するためのくくり罠が山中あちこちに仕掛けられており、下手に踏み込めば自分がかかるおそれがあったからだ。

### †異人の町から現る者

西日本に特有かつ名前のついたガロアムシとしては、チュウジョウムシに次ぐ代表的な種、それが**イシイムシ** *G. notabilis*（絶滅危惧ⅠB類）だ。外見はチュウジョウムシに似た雰囲気で、複眼がない。本種は、九州の長崎県で得られた若齢かつ体のパーツが欠損したただ一個体をもとに新種記載された。見つかったのは長崎市の道ノ尾という地域で、今ではすっかり市街地になっている場所だが、半世紀ほど前にはまだまだ山野の残る田舎だったようだ。

ガロアムシ類の一般的な生態から察するに、森林内を流れる湿った沢筋の石下あたりから採れたのだろう。しかし、その一個体以後、二匹目が長らく発見されることがなく、そうこうしているうちに道ノ尾地区は宅地化がどんどん進んでいき、虫を探すこと自体が困難な状況になっていった。そのため、イシイムシは知る人ぞ知る幻の虫となってしまった。

二〇〇〇年以後になって、ようやく本格的にこの虫の存続および正体を探ろうという動きが出てきた。そして、最近になって長崎県内でやっと、イシイムシと考えられるガロアムシが再発見されるに至った。しかし、それが本当にイシイムシであるかどうかは、まだはっきりとはわかっていないようだ。それまでたった一匹、しかも体の欠損した個体に基づいて記載されたイシイムシという種を、本当に種として認めて良いのか等、分類学的な問題をまず解決せねばならないからである。

イシイムシらしき虫

当時、せっかく九州に住んでいた身、私も自分でこのイシイムシらしき虫を見つけ出してみたいと思い、年の冬に長崎まで足を運んだ。長崎市内は相当に近代都市になってしまっているが、少しはずれまで移動すると、比較的こんもりとした裏山が多少残っている。そのうちの一つに目をつけ、登れる所まで登ってみた。山には細い沢が流れており、大小の石が堆積していた。目がない種というので、地下深い所にいるのかと思い、一生懸命石をどかして地下の少し深めのところにある空隙を見渡してみたが、それらしい虫は見つからない。沢の源流部まで行き、水分の多い地下空隙を探し出し、一つ一つ石を引き抜いて確認してみたが、それでも見つからない。

半日以上も土木作業を行い、足腰がすっかり痛くなった頃、ふと目の前に一抱えほどある大きな石があるのに気づいた。あまり気は乗らなかったが、気まぐれにこれに手をかけ裏返してみた。すると、その石の裏から二センチメートルほどの黄色く細長い虫がさっと走り出した。ガロアムシである。

潰さないよう素早く取り押さえた。見ると、目がない。どうやら、首尾よく目的のものに近い虫を見つけることができたようだ。ガロアムシ類は冬季に新成虫が羽化するといわれているため、私は成虫を得ようとこの時期に探しに行った。しかし、私の見つけた個体は幼虫であり、その後の探索もむなしく、二匹目は発見ならなかった。高温に弱い仲間ゆえ、寒冷な時期には地表近くの浅い場所でも見つかるのだろうが、夏にはたぶん相当地下深くに潜っていると思う。定期的に産地を訪れて、活動の季節消長を調べてみるのも面白いかもしれない。

### †行方知れずの憎まれ役

最近、ペットとして外国産の種が一般家庭で飼育されたりすることも多くはなったが、それでもゴキブリは今なお一般社会では半ば理不尽な嫌われ方をしている昆虫の筆頭であろう。最近はゴキブリという名称すら公言、表記するのがはばかられるようになり、単にGだの黒いのだのと表現せねば時に顰蹙まで買う始末なのは、正直異常だと思う。幼少期、私の家に屋内性のクロゴキブリ *Periplaneta fuliginosa* が出没した際、姉がパニックを起こして部屋中に殺虫剤を振りまくも飽きたらず、蚊よけの虫除けスプレーまで噴霧し始めたのには、呆れてものも言えなかった。

そんなゴキブリの中にも、なんと絶滅危惧種に選定された種がいくつかいる。ゴキブリ嫌いな人種にそれを教えたら、条件反射的に「そんなものさっさと絶滅しろ（させろ）！」としか返さないであろう。しかし、絶滅危惧種のゴキブリは、どれもまったく人間の生活とは接点がなく、森林や洞窟などで静かに生きているものばかりである。

そんな無害な絶滅危惧種のゴキブリの一種に、ミヤコモリゴキブリ *Symploce miyakoensis*（情報不足）というのがいる。沖縄の宮古島でのみ見つかっている固有種で、体長はせいぜい一センチメートル強。体は透き通るように薄い黄色で、翅がとても短く飛ぶことができない（ただし羽ばたくことはできる。実際にその様を見た）。このゴキブリは、宮古島に点在する石灰岩洞窟のうちいくつかから発見された個体をもとに新種記載された。

洞窟から得られたことから、洞窟にしか住まない特殊な種であるという見方がなされているが、実はその外見は南西諸島の他の島に分布する地表性の近縁種とさほど変わらない。メクラチビゴミムシなど多くの地下性昆虫に見られるような、複眼の退化傾向もまったく見られない。

もともとこのゴキブリの仲間は、湿潤な森林地帯の地面を生活場所としている。森林があまり発達していない宮古島では、強い直射日光と高温をさけるための隠れ家として、日中の間だけ洞窟に入っているだけではないのかと思う。

このゴキブリは、記載されて以後ほとんど発見例がない。生息環境がやや特殊なのと、そもそも南西諸島にゴキブリなどというものをわざわざ探しに来る人種がきわめて少ないからだ。そこである年、私は宮古島へアリの調査をしに行ったおり、このゴキブリを探してやろうと思い立った。宮古島に点在する洞窟の所在をあらかじめ調べ、正確な場所を特定できた三カ所に関して、現地で原付を借りて巡ることにした。

宮古島の洞窟の多くは、古い時代に生活用水をくみ上げる井戸(ガーと呼ぶ)として使われていたものが多く、奥には清涼な泉が湧いている。こういう湿潤な環境であればきっとゴキブリくらいいるはずだと思ったが、三つのうちガーである二つの洞窟は、実にしょぼしょぼな環境だった。ゴキブリはいたが、それは目的の種ではなく屋内に入ってくるワ

モンゴキブリ *Periplaneta americana* だった。

やむをえず、内心あまり期待していなかったやや乾き気味の洞窟へ行って見た。宮古島という島は、地図で見ると小さく見えるが、実際に移動してみると意外に大きく、端から端までとなると想像以上に時間がかかってしまう。あれやこれやしているうちに、すっかり日が暮れてしまい、目的の洞窟に着いたのは暗くなってから。到着して初めて、そこの洞窟が恐らく安全面の問題から入り口が封鎖されていて入れないことに気づいた。しょうがないので、入り口周辺の石の堆積や草むらをヘッドライトで照らしながらうろうろしたところ、目の前を黄色くて小さなゴキブリがゆっくり横切ろうとした。よく見れば翅が短く、体色がガラスのように透き通っていた。ミヤコモリゴキブリだ。その近くにもう一匹いたが、その後どれほど洞窟の入り口手前でうろうろしても追加は見つけられなかった。

ミヤコモリゴキブリ

洞窟の中までちゃんと調べられなかったのでわからないが、日没後に洞窟の外で見つかったということは、恐らく私の推測の通り彼らは日中のみ洞窟を隠れ家にして、夜間外を出歩くという生態を持つのかもしれない。環境省レッドリストには本種のほか、沖永良部島に分布するエラブモリゴキブリ *S. okinoerabuensis* という種も掲載されていて、やはり似たような生活史を持つと考えられている。ただ、このモリゴキブリと呼ばれる仲間はこれまで南西諸島の小島のあちこちから採られていて、その採られたサンプルの多くは分類に使えない幼虫個体らしい。今後、成虫個体がそれなりに得られてくれば分類学的な研究が進み、もしかしたら宮古島や沖永良部島にしかいないと考えられていたこれらのゴキブリが、実際には他の島にも広く分布している種であることが分かるかもしれない。

### †流行に翻弄される虫

南西諸島に住むリュウキュウハマコオロギ *Taiwanemobius ryukyuensis*（情報不足）は、外見は成虫になっても一センチメートル内外の小さなコオロギに過ぎないが、その暮らしぶりはなかなか変わっている。彼らが生息するのは、遮るもののない、灼熱の日光が照りつける海岸だ。しかも、どんな海岸でもいい訳ではなく、こぶし大の平たく角の取れた石ころが混じる砂浜にしか生息していない。沖縄本島は本種が比較的盤石に生息する島ではあるのだが、この島の海岸はおおむね完全に砂のみの浜か、岩礁のいずれかであることが多く、丸い石混じりの砂浜という環境はなかなかない。したがって、このコオロギの分布域も必然的に限定されたものになる。

彼らは日中、丸い石の堆積中に隠れていることが多い。強力な日光に照らされて灼熱の温度となる地表面も、ほんの少し地下に潜れば適度な湿気があり、意外にもひんやりしている。彼らにとって石ころは、熱を避けるためのシェルターの役割を果たしているといえるだろう。そのため、生息地の浜辺に行って石の堆積した辺りを足で踏みしめると、隙間からコオロギたちがピョンピョンと飛び出してくる。

リュウキュウハマコオロギ

彼らはコオロギではあるものの、翅を持たず鳴くことはできない。その体は、薄い水色と黒のまだらが絶妙に混ざり合った、なかなか美しい色合いをしている。これが、灰色っぽい石ころの混ざる砂地の上では絶妙な保護色となる。じっと動かずにいられると、体の輪郭がぼけて見え、どこからが虫でどこからが背景かわからなくなってしまう。巧みな隠ぺい擬態だ。

私はある年に沖縄本島を訪れた際、この美しいコオロギの姿を一目見たいと思い、詳しい人に産地を案内していただいた。行ったのは冬だったが、この虫は通年発生しているため、年中見に行けるらしい。そして、数年前までは多産したという海岸にたどり着いたのだが、これが思いのほか見つからない。三〇分くらいかけて丹念に浜の石の堆積を踏んでいき、ほんの数匹の個体をなんとか確認できた。

ふと気づくと、浜の表面に何かで均されたような平らな部分ができており、それが浜の遠くまで道のように続いていた。案内人曰く、近年この海岸が「パワースポット」の一つとしてインターネット上のSNSで広がってしまい、それまでほとんどなかった人の出入りが激しくなったらしい。その関係で、観光客誘致を望む地元有志が、車で浜に乗りつけやすいように重機で浜の一部を踏み固めてしまったという。

少なくとも沖縄本島において、このコオロギの生息に適した地質の海岸はおおむね人のアクセスしにくいエリアにあるため、すぐさま生息環境が開発などで消滅することはないと思われるが、こういうこともあるのかと驚いた。

## †草原で祈る巫女

カマキリは、我々日本人にとって身近な昆虫の一つと言えよう。関東あたりでは都市部でも、オオカマキリ *Tenodera aridifolia*、コカマキリ *Statilia maculata*、ハラビロカマキリ *Hierodula patellifera*（本種に関しては、最近、近似の外来種が国内に侵入した）あたりの三種は比較的よく見かける。少し田園風景の残るような開けた地域へ行けば、チョウセンカマキリ *T. angustipennis* も混ざるようになる。日本の本土で、普通に道端を歩いていて遭遇する可能性のあるカマキリと言えば、だいたいこの四種であろう。

しかしこれらの種以外にも、日本の本土で見られるカマキリ類はまだいる。ヒメカマキリ *Acromantis japonica* やヒナカマキリ *Amantis nawai* といった小型種がそれだ。これらは決して珍しい種ではないが、その体の小ささ、体色の地味さに加えて、温暖な地域の森林地帯が生息環境であるため、意識して探さないとなかなか見つけられるものではない。片や一般的なカマキリ類のように、もっと開けた環境に生息していて、なおかつ体サイズもそこそこ大きいにもかかわらず、ほとんどなじみのない種もいる。それが**ウスバカマキリ** *Mantis religiosa*（情報不足）である。

ウスバカマキリは体長五―六センチメートルほどの、日本産カマキリとしては中型の部類に入る。本種の分布は非常に広く、世界的にはユーラシア大陸の大半、そしてアフリカ大陸にまで及ぶ。かの有名なファーブルの『昆虫記』にも、フランスに分布する本種が登場している。分布の広さは日本国内でも同様で、北海道から南西諸島まで全域にわたり分布しているのだが、南西諸島以外ではなぜか恐ろしく個体数が少ない。分布は広いのに、生息地がきわめて飛び地的なのだ。あまり人工的に荒らされていない、広大な河川敷のような環境で見つかることが多い。

ウスバカマキリの姿は、とても清楚で優しい。雌雄に関係なく全身緑の個体と褐色の個体がいるのだが、体色がオオカマキリなどと違ってどぎつくない。緑、あるいは褐色の絵の具に少し白を混ぜたような、柔らかい色合いをしており、目に優しい（と思う）。前脚をそろえてじっとしている

ウスバカマキリ

姿など、まさにマンティス＝巫女然とした雰囲気である。
ところが、これにちょっかいを出して怒らせると、清楚な巫女は途端に鬼婆へと姿を変える。閉じていた翅を突然バッと開く。このとき、畳んでいた後翅の縁と腹部とがこすれて、毒蛇が威嚇するような「シャーッ」という音がする。コカマキリもこれをするが、かなりはっきり聞き取れる大きな音だ。
さらにこれでも足りないと言わんばかりに、上半身を持ち上げて左右の鎌状の前脚を顔の脇に添える。このカマキリの前脚の「二の腕」部分には、黒い大きな斑紋が付いている。個体によっては、この黒い紋の中にさらに小さな白い紋が出る。敵を威嚇する際に前脚をそろえてこちらに向けると、まるで二つの目がこちらを向くように見え、ついぎょっとし

てしまう。もっとも、この威嚇体勢は単なるこけおどしのため、長時間継続しない。隙を見て、素早くその場から走り去ってしまう。

長野県のとある大型河川の河原には、ウスバカマキリがきわめて低密度で生息している。春先にここを訪れると、卵から孵化したばかりの小さな一令幼虫は数多く見かける。本種の一令幼虫は鎌の表面に黒いそばかす状の点が一列に並ぶという、日本産の他種のカマキリの一令幼虫にはない特徴を持つため、識別は比較的たやすい。が、成長につれて天敵に食われたりして死んでいくため、どんどん個体数が減っていく。

成虫が出現する時期である夏の半ばから秋にかけて、このカマキリを見つけ出すのは非常に骨が折れる。本種はあまり草深い場所にはおらず、また地面にいることが多い。そのため、ひたすら河川敷のまばらに草が生えたような場所をうつむいて歩き、血眼で探す。広範囲に少数が散らばって生息しているので、半日歩き回ってようやく一匹見つけるか見つけないかというほどだ。それゆえ、散々歩き回った末にこの清楚な生き物の姿を草間に見つけたときの嬉しさたるや、何物にも換え難い。彼らは成虫の状態で越冬できないため、晩秋に地面から浮いた倒木や石の裏側などに特徴的な形の卵嚢を産みつけ、それにすべてを託して一生を終える。

ウスバカマキリは近年、広大な草原や河川敷など、明るくてあまり茂り過ぎない草地が減少しているのに伴って、見られる場所が全国的に減りつつある。その一方で、割と人が荒らしたような環境でも突発的に採集されることがあるらしく、世界的な分布の広さも考えると、本種の環境的負荷への耐性は潜在的に高いような気がしなくもない。

## †謎の空白地帯

北方系の分類群であるヒナバッタ類は、体長二—三センチメートル前後の小型種から構成されるバッタの仲間で、おおむね地味な色彩の種ばかりである。一見、何の特技もなさそうに思えるバッタだが、この仲間のオスは求愛のために後脚を自分の翅にこすりつけて、「ジャジャジャ……」などと鳴く。

ヒナバッタ類は寒冷地ほど種が多く、しかもそうした場所に住む種は翅がしばしば退化傾向を示し、飛翔能力を欠く。つまり、地域ごとに細かく種（亜種）が分かれる傾向にある。例えば、長野県を中心とする中部山岳地帯には、山塊ごとに特有の種（亜種）が分布している。

生物地理学の材料としては申し分ないグループに思えるのだが、何しろ険しい高山地帯へと登らねばならないこと、それらの生息域がおおむね草一本、石ころ一つ持ち出せない国立公園の特別保護地域内にかぶっていることなどから、物理的にも法的にもサンプル収

ヒゲナガヒナバッタ

集が難しく、あまり積極的に研究されているようには思えない。しかし、比較的低標高地においても低標高地ならではの種が見られる。ヒゲナガヒナバッタ *Schmidtiacris schmidti* は、そんなバッタのうちの一つだ。

ヒゲナガヒナバッタは、全身が薄汚い茶褐色の小バッタである。オスはその名の通り、体長の割に異様に長い触角を持っている。小石がゴロゴロしている開けた河川敷に生息しているが、分布はかなり局所的だ。地面を這うツルヨシが生えていることが、本種の生息条件の一つのようだ。外見のよく似た近似種がしばしば同所的に生息しているが、ヒゲナガは横から見たときに胸部の下半分が明らかに白く、これにより判別が可能である。

このバッタは、日本では長野県安曇野《あずみの》市の中房《なかぶさ》温泉周辺ではじめて発見された。発見当時、これはアジア大陸に分布するヒゲナガヒナバッタに近縁な新種「ヒメヒゲナガヒナバッタ」*Chorthippus nakazimai* として記載されたが、後に大陸にもいるヒゲナガヒナバッタそのものであると見なされ、栄光の新種認定は剥奪されるに至った。

そんな本種だったが、その後第一発見地たる中房温泉では発見例が久しく途絶えてしまい、生息しているのかどうかわからなくなってしまった。他方、長野県の南部寄りの河川周辺で新たな生息地がいくつか見つかり、また隣県の山梨県、さらに飛んで東北地方のいくつかの県でも生息が確認された。

このバッタは、環境省レッドリストの二〇〇七年版までは情報不足カテゴリーとして掲載されていたが、最新版では先述のように新たな生息域が複数見つかったことを受け、リストから除外されている。ただし、不思議なことに東北地方と中部地方で見つかっている本種は、中間に位置する関東地方ではまったく発見されていない。両地方の生息地に似た環境の河川敷など、関東にだっていくらでもあるのだが。

長野県、伊那地方のちょっとした川を通りかかった際に、私はこのバッタを見つけたことがある。川幅はせいぜい一五メートルほど、両岸はコンクリートで護岸されている風情もへったくれもない川だったが、流路に沿って細かい砂礫が堆積しており、そこに何匹かいた。そこにはやはりツルヨシが這っていた。また、ヒゲナガが見られたのは流路すぐそばの砂礫地のみで、土手側の草むらへ行くと近似種のヒナバッタばかりになるようだった。レッドリストから外されはしたものの、本種がかなり特異かつ微妙な生息環境を要求する種であることに変わりはないと思われる。

# 7 クモガタ類

クモの仲間は、一般的には昆虫以上に忌み嫌われている節足動物といえるだろう。一方で、クモには捕食、繁殖などで普通の昆虫には見られないような複雑巧妙なふるまいが見られ、行動生物学的には非常に面白い分類群である。また、原則として純然たる肉食動物としてふるまう彼らは、人間にとって害虫となる昆虫を日々多数捕食しており、実のところ彼らの存在により我々が得ている恩恵は大きい。現在、日本産クモ類の中には、生息環境の悪化にともない減少している種が少なからず認められている。しかし、この手の外見が醜悪な（と一般に言われる）生物というのは、絶滅の危機に瀕してもなかなか保護の手が差し伸べられない現実がある。

本書ではクモ類の他、分類学上はその親戚筋にあたるザトウムシ類のいくつかの種も扱った。

## †生きた化石

**キムラグモ属** *Heptathela*（絶滅危惧Ⅱ類）は、九州以南、南西諸島まで分布する原始的なクモの仲間である。通常、クモの体は頭胸部（昆虫でいう頭と胸部が融合したようなもの）と腹部からなる。そして、腹部はつるっとしていて、昆虫の腹部に見られるような節構造がない。ところがキムラグモの腹部には、昆虫の腹部に似た節構造の名残が残っている。

化石として出土する古いタイプのクモの腹部にも節構造があるため、それと同じ特徴を保有するキムラグモは、生きた化石と呼ばれている。腹部に横縞模様のあるクモなど世の中にはざらだが、キムラグモの場合は単なる模様ではなく、腹部の構造として節が残っているのだ。

キムラグモが最初に発見されたのは、鹿児島県内だった。当時高校生で、後に植物分類学者として名をはせた木村有香氏により発見され、一九二〇年に新種記載された。当時、腹部に節構造が残っている現生のクモは、東南アジアに分布するハラフシグモ *Liphistius* の仲間数種だけ。それと似たようなものが、あろうことか日本で新しく見つかってしまったのだから、当時の日本のクモ学者たちの狂喜たるや凄まじかっただろう。

なお、ハラフシグモは胴体が五センチメートル近くもあり、毛むくじゃらの太い脚を持つ重戦車にも似たクモだが、日本のキムラグモはせいぜい一センチメートル強でたいそう迫力に欠ける。それでも、ルーペで拡大した姿の猛々しさは、怪獣ハラフシグモのそれに何ら引けを取らない。

その後、九州各地に加えて南西諸島でも見つかったキムラグモだが、このころはそれらすべてが単一の種と考えられていた。しかし、後に南西諸島産の個体群においては、配偶行動が九州のものとは異なることが判明し、**オキナワキムラグモ属** *Ryuthela*（絶滅危惧Ⅱ類）という別属に分けられた。さらに、生殖器の微細な形態比較の結果、南西諸島、九州のそれぞれにおいて地域により細かく種が分かれていることも判明した。現在では、九州から沖縄本島北部にかけて分布するキムラグモ属が九種、沖縄本島以南の島々に分布するオキナワキムラグモ属が（諸説あるが）少なくとも四種認められている。

ただし、ぱっと見の外見はどれも似たり寄ったりで、きちんと生殖器の形態を見ないことには種間どころか属間の区別すらよくわからない。反面、彼らは種ごとにかなり決まった分布範囲を持っているため、種間の分布境界線近くで見つけた個体でなければ、おおよその種の見当をつけるのは可能である。

キムラグモは、地中に穴を掘って住む。好んで営巣するのは、日当たりが悪い林内に出来た赤土の斜面や切通し。あるいは、神社の境内脇にある石垣の隙間に土砂が詰まっているような場所だ。垂直な土壁に穴を掘りたがる癖があるようで、彼らの掘る穴は横穴となる場合が多い。

このクモは、巣穴を作る際に面白い工夫をする。穴の口に、自分で出した糸と土砂をつづり合わせて丸い片開きの扉を作り、取りつけるのだ。扉の表面にはしばしばコケが生えており、閉じているときは周囲の地面ととても紛らわしい。日中、彼らは穴の底でじっとしており、日没後に上へと上がってくる。そして、入り口の扉をほんの少しだけ開いて獲物を待ち伏せる。たまたま至近を獲物となる昆虫などが通りかかると、目にも止まらぬスピードで扉を跳ね上げ、獲物をわしづかみにして穴の奥へと引きずり込む。瞬きしていたら見逃すほどの、すさまじい早さである。

通常、彼らは自分の巣穴の中にずっとこもっており、そこから出歩かない。獲物を待ち伏せて捕らえる時も、穴の口から自分の胴体を全身外へギリギリ乗り出して届く範囲にまで獲物が来ないと、攻撃に出ないほどだ。すなわち、攻撃の射程範囲がかなり狭い。必然的に獲物を首尾よく捕食できる機会が少ない、キムラグモやトタテグモなど原始的な地中性クモ類は、他のクモに比べて絶食によく耐える。

ただし、普段外を出歩かない彼らも、繁殖期は事情が変わる。春から初夏にかけての繁殖期、原始的な地中性クモ類のオスは自分の巣を抜け出し、外を徘徊する。そうして、メスの巣を探し当ててその中に入り込み、メスと交接（昆虫で言う交尾に相当する繁殖行為）する。侵入前、オスはメスの巣の前で脚を震わせるなどの信号を送り、メスに餌と間違われて食われないようにする。ただ、首尾よくメスの巣内に侵入して交接できたとしても、その後のオスの運命は定かではない。

今まで私自身の研究遂行のために南西諸島へしばしば行く機会があったが、これら地域では道路脇のちょっとした法面《のりめん》などに、オキナワキムラグモ属の巣を見かけることが多かった。大抵、一カ所に多数の巣が集中して見られるが、日中はどれも扉がピッタリ閉じていて発見がやや難しい。ところが夜になると、そこにある空き家ではないすべてのクモの巣が、扉を半開きにして脚を外へ出し、獲物を待ち構えている。昼間見た限りでは想像もつかなかったほどの数のクモが、一斉に扉を

キムラグモ

オキナワキムラグモ属の一種の巣

開けてこちらを睨むその光景は圧巻だ。

試しにその辺にいる虫を巣穴の傍まで歩かせてみると、一瞬やり過ごすように見せかけてから突然クモがパッと身を乗り出し、獲物に後ろから摑みかかる。ダンゴムシのような無抵抗で安全な虫だと、そのまま抱きすくめるようにして巣へと引き込む。しかし、ヤスデなど有毒な虫だと、触れた瞬間に手放して巣穴へと引っ込んでしまう。獲物に触れて、瞬時にそれが安全かそうではないかを判断する、このクモの能力はすごい。

キムラグモは生きた化石という肩書きを持つこともあり、クモゲジゲジの絶滅危惧種としては比較的注目され、配慮されている部類になるだろう。しかしそれでも、同じく絶滅危惧種の派手なチョウやトンボが享受している配慮の、三分の一ほども受けていないように思える。

こうした原始的な地中性クモ類は、土地造成などで地面を大規模に荒らされたり、あるいは周囲の森林が伐採されて地面がカラカラに乾いてしまうと、生息できなくなってしまう。そのため、神社仏閣内のように地面が長年掘り返されたりせず、また屋敷林により日光が年中さえぎられている場所に多く生き残っている。

### †扉付きの穴倉で

キムラグモほどではないがクモとしては原始的な部類に入る一群がトタテグモの仲間だ。日本国内でトタテグモと呼ばれる種は、トタテグモ科とカネコトタテグモ科という二つの科に含まれるものたちである。トタテグモ科に属する**キシノウエトタテグモ** *Latouchia typica*（準絶滅危惧）は、本州から九州にかけて広域に分布している。南西諸島には、本土のものとは別の亜種が分布する。

キシノウエトタテグモ

生態的には、キムラグモとほぼ変わらない。すなわち、地中に巣穴を掘り、片開きの扉を入り口に付ける。そして、夜間その扉を少しだけ開けて、獲物を待ち伏せる。しかし、いくつか細かい点で、キムラグモの振る舞いとは趣を異にする。キシノウエトタテグモはキムラグモと違って、土手のような場所よりも平坦な地面に巣穴を掘ることが多い。

また、キシノウエトタテグモは地面に掘った穴の内壁を、糸で全面裏打ちする。対してキムラグモは、穴の入り口から二―三センチメートルまでしか裏打ちしないのである。さらに面白い特徴として、キシノウエトタテグモ（後述のキノボリトタテグモも）は扉に「カギ」をかけることができる。何らかの敵が巣口の扉をこじ開けようとしたとき、クモは内側から扉を摑んで引っ張り、開かなくしてしまうのだ。キムラグモはこれをしないが、その理由はよくわからない。

このキシノウエトタテグモ、実は東京都内の市街地にたくさんいる。都内に点在する緑地公園や神社仏閣の境内には、局所的にこのクモの営巣がかなり見られる。ただし、巧みに擬装した巣を作る種であるため、慣れないと発見はなかなか難しい。雨が降った翌日の晴天時に行くと、比較的見つけやすい。なぜなら、巣に取りつけた扉が先に乾いて色が変わるからだ。また、トタテグモの仲間はしばしば冬虫夏草のクモタケに寄生される。梅雨のじめじめした頃、扉を跳ね上げるようにして地中からキノコが生えてくる。これを探すことにより、その場所にクモが生息していることに気づくことができる場合もある。

トタテグモやキムラグモは、一カ所に多数の個体が集中して生息する傾向が強い。これは、彼らにとって営巣に好適な場所がさほど多くなく、必然的に同じような場所に集まってしまう結果であろう。同時に、これらクモの子グモ時における移動分散能力がとても低いことのあらわれともいえる。

一般的なクモの場合、孵化した後の子グモは尻から糸を出し、風に乗って飛ぶ（バルーニング）ことで、もとの生息地からはるか遠くへ移動できる。しかし、原始的なクモではバルーニングが下手くそなため、あまり遠くへ行けない。親グモになってしまうと、繁殖期のオスを除いて地面を徘徊することもほとんどなくなり、なおさら移動する機会がなくなっていく。それゆえ、彼らは今生息している場所が土地造成などで消滅してしまうと、よそへ避難することもままならぬうちに全滅してしまうことになるだろう。しかも都合の悪いことに、キシノウエトタテグモは平地の人里近くという、いの一番に開発で失われやすい環境に依存して生息する傾向が強い。

中学生の頃、埼玉県のとある緑地公園に出かけたことがあった。園内の雑木林に遊歩道が通してあり、コンクリート製のベンチが脇に一つ設置してあった。何の気無しにそこに座った時、ふとベンチの土台に近い地面に白く丸いものが散らばっているのに気づいた。よく見たら、それはキシノウエトタテグモの巣の扉だった。そこに多数のクモが営巣しており、古巣から外れた扉が落ちていたのだった。試しに数えてみたら、たかだか一〇〇×四〇センチメートルのベンチの下の地面に、五〇個を超す巣を見つけることができた。あれからウン十年、今もあの公園のベンチの下にはクモ達の楽園があるのだろうか。

### †岩陰に張りつく指

キシノウエトタテグモの親戚筋にあたるキノボリトタテグモ *Conothele fragaria*（準絶

滅危惧）は、他の地中性クモ類とは少々違った生活史を持っている。元々は、明らかに地中で生活していたクモ類から分化した種と思われ、実際本種のキバには、他の地下性トタテグモが持っているマグワ（土砂を掘削するときに役目を果たす突起）がついている。

しかし、このクモは通常地下に営巣しない。日当たりの悪い苔むした石垣や古木の幹表面に、糸と木屑や土砂をつづって袋状の巣を作る。最大で長さ四センチメートル弱、幅一センチメートル強の楕円形をした巣は、端に一カ所丸い出入り口が設けられる。もちろん、この部分には丸い片開きの扉が取り付けられ、夜になると扉を少しだけ開けて獲物が近づいてくるのを待ち続けている。巣はかなり頑丈な作りをしており、容易に手で破ったりできない。巣の内壁は糸できめ細かく裏打ちされており、たび重なって徹底的に補強され続けているのだ。

私が中学生くらいの頃、静岡県のとある漁村のはずれにある山際の石垣には、おびただしい数のキノボリトタテグモの巣がベタベタついていた。どれも表面はコケで覆われており、一見してどこからどこまでがクモの巣なのか分からないほど巧妙に溶け込んでいた。しかし、目が慣れてくると途端に次から次へとポンポン見つかるようになるから面白い。このクモの巣のぱっと見の雰囲気は、人間の親指に似ている。大きさ、楕円のフォルムに加え、扉の部分が指の爪に見えるのである。

私は静岡県内のいくつかの場所で、このクモがまとまって生息している場所を見つけており、当時はいずれの場所でも多くのクモが安定して生息していたと記憶している。ところが、ある年を境に、突然すべての場所でクモが減り始めた。巣は相変わらずたくさんあるように見えるのだが、中を覗くと空き家になっているケースが非常に多くなってきたのだ。多くの産地で、周囲の環境は以前とさほど変わっておらず、環境破壊の類が原因ではないと思われる。

しかも、巣を残してクモだけが同時多発的に夜逃げしたようなのだ。二〇一〇年を過ぎたあたりから、少しずつ復活の兆しを見せてはいるものの、どこもかつてほどの勢いがない雰囲気に見える。酸性雨、大気汚染、いろんな原因の可能性を想定したがどれもしっくりと来ず、結局よく分からないままである。

このクモは各地で減少傾向にあるというが、その原因についてはどうにも釈然としない面がある。環境省の旧版（二〇〇六年版）レッドデータブックを見ると、本種の減少理由として環境破壊のほか「ムカデなど天敵の捕食」というのが挙げられている。全国的にこのクモを減らすほどの勢いでムカデが増えているのだろうか。

ある知人が、別の地域で横っ腹に大穴を空けられたこのクモの空き巣をいくつも見ているそうで、シジュウカラのような鳥が巣に穴を空けて中のクモを食べてしまうのでは、と

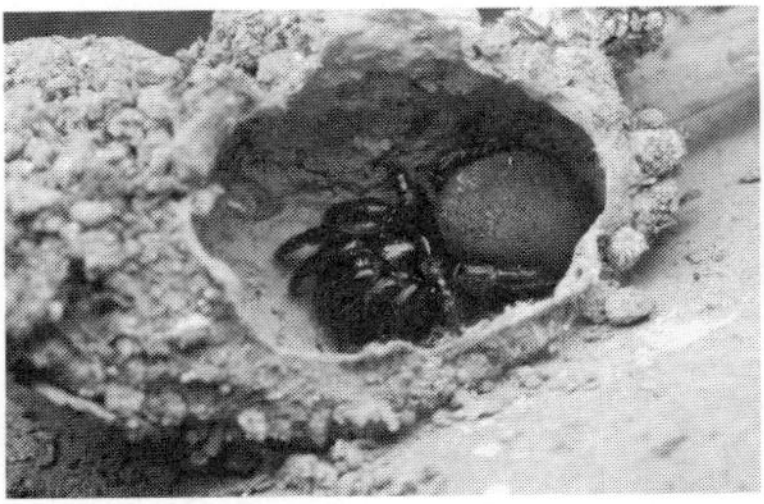

キノボリトタテグモ

キノボリトタテグモの巣

話していたのを覚えている。比較的知能の高い虫食性の鳥が、あのクモの巣の擬装を何らかの形で見破る術を習得すれば、たちまちその地域のクモが鳥に食い尽くされるという可能性もなくはないかもしれない。しかしそれでも、天敵によって今更このクモが絶滅に追い込まれるというシナリオは、個人的にはどうにも考えにくい。少なくとも確実に言えそうなのは、生息地周辺の森林伐採に伴う乾燥化が、このクモの息の根を止める原因になりえるということだ。

先述の静岡県の産地のうちの一つは、鬱蒼とした杉林内の石垣にあり、私が知る限り一番高密度でこのクモが生息していた場所だった。しかし、やがてその場所一帯の杉の木が間伐されて、石垣に直射日光があたるようになったその一年後には、もはや一匹も発見できなくなっていた。

近年、里山管理とそれに伴う生物多様性創出といった観点から、雑木林のような二次林の間伐が各地で行われている。適度に日が差して明るい林は、鬱蒼とした森に比べて多くの生物が生息しやすいからだ。しかしその一方で、日陰でしか生きられない生物も存在することを考え、画一的ではない間伐の仕方を考えていったほうがいいのかもしれない。

### †二枚扉のその奥で

カネコトタテグモ科のクモは、日本からは本州に分布する**カネコトタテグモ** *Antrodiaetus roretzii*（準絶滅危惧）と、北海道に分布するエゾトタテグモ *A. yesoensis* の二種が知られ、いずれの種も日本にしかいない。カネコトタテグモは、東北地方から近畿地方まで知られているが、その分布はかなり局所的である。東海地方の静岡県・愛知県下には高密度で生息しており、本種の主要な分布地として保全上重要と思われるが、静岡県版レッドデータブックには本種以前にクモという分類群自体が掲載されていない＊。

このクモは九州以南に分布するキムラグモと同様、薄暗い林内にある赤土の土手など垂直な土壁に横穴を掘り、その穴の入り口に扉をつける。しかし、その扉のつけ方は、キムラグモや他のトタテグモ類とは大きく異なっている。観音開きのような二枚扉を取りつけるのだ。夜間、この扉を半開きにした状態で、獲物が通りかかるのを待つ。

今から一三年前、長野県松本市街近郊にある裏山の神社の境内には、このクモが比較的多く営巣していた。神社の社のすぐ後ろが薄暗い石垣になっており、この石組みの隙間に詰まった土に営巣していたのだった。三月末、長かった冬がようやく終わるのと同時に活動を開始するこのクモは、格好の観察対象だった。ダンゴムシなどをクモの巣の手前まで歩かせると、まるでサザエさんが家の出窓を開けるかのようにクモが観音開きの扉をバンと跳ね上げ、獲物を摑んで巣内に引きずり込む（サザエさんちに出窓があっただろうか?）。その様子を飽くことなく眺めるのが、当時の私の年中行事だった。

カネコトタテグモの巣
（上が開く前、下が開いた後）

しかし、現在この神社でカネコトタテグモの姿を見つけるのは極めて難しくなった。この三、四年の間に、この山全体でシカによる下草の食いつくしが顕著になり出し、林床が乾燥してきたことが原因かもしれない。加えて、松くい虫防除のために、神社周囲に多く立っていたアカマツの大木が軒並み伐採された。それにより林内が明るくなりすぎたのも手伝っているように思う。

今から二〇年ほど前、静岡県でも一カ所、件のクモが非常に高密度で生息する神社を見つけていた。そこでは、境内脇の薄暗い斜面が生息地となっていて、幅約二メートル、高さ約一メートルの範囲に一五〇個以上の巣を当時は数えることができた。しかし、ここでも近年境内の灌木やヤブを綺麗に刈り取ってしまい、直射日光が当たるようになった。現在その斜面では、もはやクモの営巣が認められなくなってしまった。原始的な地中性クモ類は、乾燥に弱い種が多い。加えて、地面がしょっちゅう掘り返されたり踏まれたりする場所でも生息が困難である。

＊二〇一七年末、静岡県版レッドデータブックは内容が改定され、新たにクモ類のカテゴリが追加された。リストアップされた種には、カネコトタテグモも含まれている。

## †忘れられない思い出

ワスレナグモ *Calommata signata*（準絶滅危惧）は、土蜘蛛とも呼ばれるジグモ *Atypus karschi* の親戚にあたる。日本では本州から九州にかけて広く分布しており、地中に穴を掘って住んでいる。字面が「忘れな草」を思わせる名のため、どんなに清楚で弱々しい雰囲気のクモかと思いきや、これがとんでもない化け物である。体長はせいぜい二センチメートル弱だが、褐色の胴体は丸々と太り、脚も太短くて強靭だ。おまけに、サーベルタイガーも裸足で逃げ出しそうな、上下に動く長大なキバを持っている（原始的なクモは、左右ではなく上下にキバが開く）。

ただし、これはメスの姿の話である。オスはメスより体格が遥かに小さく、脚も細くて弱々しい。体色が黒いことも手伝い、遠目にはクモというよりアリそっくりに見える。ワスレナグモという不可思議な名の由来は、かつてこのクモが日本国内でとても発見例の少ない珍種とみなされていたことによる。当時のクモ学者が、「このクモのことを忘れないように」との思いを込めてつけた名だという。

今でこそ日本各地で見つかっているワスレナグモだが、それでもなかなか狙って発見できるものではない。それは、キムラグモやトタテグモの仲間ほど嗜好する生息環境の幅が狭くなく、狙いをつけて探しにくいこと、頻繁に移動していなくなってしまうことが関係している。日本の原始的な地中性クモ類の中で、ワスレナグモは明るく乾いた環境に一番適応した種であろう。極端にじめじめした暗い場所ではあまり見かけず、草がまばらに生えて適度に土の締まった草原、芝生などで営巣が認められることが多い。

ワスレナグモは、自分の巣穴にキムラグモやトタテグモのような扉はつけない。平坦な地面に、深さ十数センチメートルの縦穴を掘り、内壁を糸で裏打ちするだけだ。

夜になると、穴の入り口ギリギリのところで顔を出し、たまたま通りかかる獲物に直に噛みつくという、何のひねりも工夫もない狩りを行う。クモは獲物の接近を感知すると、素早くそちらへと向き直る。獲物が近づけば近づくほどに、キバをゆっくりと上へ振り上げていく。そして射程まで獲物が来た瞬間、キバを一気に振り下ろして獲物を串刺しにし、その勢いで獲物を地下へと引きずり込む。獲物のサイズにもよるが、獲物の吸収には一、二日を要するのが普通で、その間クモは巣口を糸で塞いでしまう。

ワスレナグモ

ワスレナグモが好んで生息する、赤土の平坦な土地というのは、言うまでもなく土地造成などの開発で失われやすい。逆に、草刈りがなされずに茂りすぎた草原も、彼らにとって好適な住みかとは言いがたい。長野県松本市の信州大学構内には、このワスレナグモがスポット的に生息している箇所がある。長野県内のクモ類に詳しい専門家に聞くと、ここは近年県内ではほぼ唯一の、本種の確実な産地らしい。構内には赤土の地面の場所が多く、また定期的に草刈りが行われる。まばらな草地の地面に好んで住むこのクモにとっては格好の生息環境が、図らずも維持されてきたのだ。

一三年前、この大学に入学した頃から私はこのクモの生息を確認しており、特に夏の夜は発見しやすかったため、足を蚊に食われつつ夢中で観察したのを覚えている。しかし二〇一四年以後、この大学構内では大規模な改修工事が始まり、生息地の一部が資材置き場になってしまっていた。その後この産地がどうなったかは確認できていない。

## †富士の樹海に眠る

どれも見た目、血色が悪く、ひょろひょろしているのが、ホラヒメグモ科のクモの仲間だ。地中のわずかな隙間や洞窟などの湿った暗所に、ただ乱雑に糸を引き回しただけの粗末(に見えて実は精巧)な巣を作る。糸の接地部分のみ粘着性があり、たまたま歩いてきた小動物がこれに触れると、容易にくっつき、獲物は瞬時にして糸で宙吊りになってしまう。こうして無抵抗になった獲物に、クモは容赦なく遠くから糸を投げつけて拘束し、毒牙でとどめを刺す。その後、獲物をゆっくりと上に引き上げ、これを吸収する。相手の反撃の術を封じ、一方的に攻撃のみ仕掛けるこの卑怯な戦法で、彼らはともすれば自分よりはるかに大柄な生物をも、安全に仕留めることができる。

日本産ホラヒメグモの仲間は、成体になっても体サイズが比較的小型の種群と大型の種群とに大別される。そして、メクラチビゴミムシほどではないにせよ地域ごとに細かく種分化しており、種によってはある地域の決まった洞窟内でしか発見されない。

特に、大型の種群ほどその傾向が強いようである。小型種のホラヒメグモ類は、ごく狭い空間でも営巣可能なため、ちょっとした石垣の隙間やモグラのトンネルなど、どこにでもあるような暗所環境でも生きていける。しかし、大型種は大きな巣を張れるだけの一定以上の広さを持ち、なおかつ暗くて乾燥しない場所がないと生きられない。つまり、洞窟のような場所でないと生きていくのが難しく、自分が今いる洞窟から離れられないのであろう。

ホラヒメグモ類は、いずれの種も地上で一般に見かけるクモよりは、多少とも地下で生きるための形態的、生態的な適応を遂げている。その中でも殊更に地下生活に特化したスーパースターが、**フジホラヒメグモ** *Nesticus uenoi*（絶滅危惧Ⅱ類）である。その名の通り静岡県、山梨県にまたがる日本の名峰、富士山周辺にのみ分布する種で、日本にしかいない。富士山周辺の一帯は、大昔に起きた噴火で流れ出た溶岩からなる地質が成立している。堆積した高温の溶岩が冷えて固まる際に、内部に溜まっていたガスが抜け、その部分に空洞ができる。こうしてできた大小さまざまな洞穴や洞窟が、この地域には無数に存在すると言われている。

フジホラヒメグモはこうした洞窟群のうち、原則としてかなり古い年代に形成されたとされる数カ所の洞窟にしかいない。その洞窟の多くは、樹海の中など人里離れた場所にたたずんでいるものである。ただし、たまに洞窟外でも落ち葉の堆積中の隙間で見つかる場合があるらしい。

体色は透き通るような黄色で、模様らしいものはない。アメ細工のようなその胴体からは、細い繊細な脚が生える。普通、ホラヒメグモ類は顔に八つの目（単眼）を持つが、本種は六つしかなく、個体によってはさらに減る。生殖器などの形態も特徴的で、ほかに似た種がいないことから、ホラヒメグモ類の種分化を考える上で重要な位置づけにある種とされる。

彼らは近縁種の例に漏れず、洞窟内の岩の隙間などに巣を構えて獲物を捕らえる。しかし、洞窟性と言っても、あまり奥のほうにはいない。風や水の力で洞外から流入してくる、有機物に発生する小動物が主な餌だからだ。これは本種に限らず、ホラヒメグモ類全般に言える傾向である。

富士山周辺の洞窟内には、コウモリを除けば洞内の地面から浮いた生物を捕食できる生物はほとんど見当たらない。だから、コウモリが住まない洞窟内では、このひ弱なクモが事実上最強の捕食動物ということになる。しかしこの最強生物も、人間の脅威に対してはあまりにも無防備に過ぎる。

言わずもがな、有名な観光地である富士山の周辺一帯は、ただでさえ別荘地や牧場として開発され続けてきた。先頃、富士山が世界遺産に指定されたのも手伝い、これからもその傾向はなお過剰に進むであろう。もう富士山はそのままにそっとしておく場所ではなく、お金儲けのために作り替えるべき場所になってしまったのだ。

フジホラヒメグモ

地表が大規模な人為的改変を受ければ、地下性生物の生息にも何らかの形で予想外の影響が出てくるかもしれない（有毒な化学物質の地下への浸透など）。また、洞窟という環境はそれ自体が手堅い観光名所として整備されやすい宿命を背負っている。観光地化された洞窟は往々にして、歩きやすいように安全なようにと、床はコンクリートで固められて石ころ一つ落ちていない。天井からは煌々と照明が照らされ、電球のそばには本来暗黒の洞窟に生えるはずのないコケまで生えている。そんな洞窟が日本中、あちこちにある。本来、光と乾燥を避けて暗黒の世界に住んでいた生き物たちは、こうした観光整備によって跡形もなく一掃されてしまう。

フジホラヒメグモの生息が確認されている静岡県内の数カ所の洞窟でも、近年その生息を確認できない所が出始めてきた。比較的交通の便が良い、住宅街周辺の産地を数回訪れて探したが、まったく見つからない。この洞窟では、地表浅いエリアでもよく見つかる小型のホラヒメグモ類は非常に多い。しかし、フジホラヒメグモの姿はどうにも見当たらないのだ。もしかしたら絶滅してしまったのか。そう思いつつも、私はその後も定期的にその洞窟に通っては、フジホラヒメグモを探し続けた。

そして、探し始めて実に三年目のある日、やっとのことでたった一匹だけ見つけだすことができたのだった。いたのは洞窟の入り口付近から延びる、狭くて短い坑道の最奥。ここは屈んでしか進めないほど天井が低いうえ、最奥になると次第に地面が上向きに傾斜していき、最終的に天井に届く形で行き止まりになる。この、傾斜した地面と天井の狭間の部分に、まるでアメ細工のようなクモが巣をつくり、ぶら下がっていた。不規則に糸を引きまわして張られた巣は、洞窟内の高い湿気によりびっしりと結露し、まるで豪華なシャンデリアのようだった。からくも生き残っていた彼らだったが、決して繁殖力も強くない生き物のこと、洞窟内の環境が少しでも変わると、たちまち姿を消してしまうだろう。

## †本物の「タランチュラ」

今では「タランチュラ」と言うと、中南米などの熱帯地域に生息し、手のひらほどもある巨大なオオツチグモ科のクモを指すようになってしまったが、もともとはヨーロッパに分布するコモリグモ科という仲間の一種、タランチュラコモリグモ *Lycosa tarantula* を指すものだった。この真の「タランチュラ」は、せいぜい体長一センチメートル前後の種が多いコモリグモの仲間としては破格の巨大種だが、オオツチグモには遠く及ばないサイズであり、また実際には対人毒性は強くないとされる。しかし、この「タランチュラ」を含め多くのコモリグモ類に捕まり、嚙まれた小動物は、比較的短時間で動かなくなってしまう。そうしたイメージから、かつては毒性が強いグループと勘違いされることが多かったようだ。

例えば「タランチュラ」の生息するイタリアでは、このクモに嚙まれた際に毒抜きの激しい踊りをせねばならないという伝承があり、この踊りのためタランテラという曲まで作られた。また、日本では一九七〇年代まで「コモリグモ科」ではなく「ドクグモ科」という名称が使われていたが、「実際には大した毒もないものにドクグモなどという名をつけると様々な誤解を招く」ということから、コモリグモという名が提唱され、現在に至る。

コモリグモ科のクモは、その名の通り子守をする。メスは繁殖期になると数十個単位の塊で産卵するが、その卵塊を糸で包んで袋にし、尻につけて持ち歩く。種により、外を出歩かずに地中に作った部屋にこもったりする場合もある。そして数週間後、内部で子供が孵化した様子を感じ取ると、メスは袋を破いて子供たちを外へ出す。子供たちは言われるまでもなくメスの体にわらわらと乗り、終いにはメスの体は子供まみれになってしまう。この状態でメスは一週間程度過ごし、子供たちはその後三々五々メスから離れて独り立ちするのだ。

子供を体に乗せている間、メスはとりたてて子供の面倒は見ない。餌を分けるでもなく、脚で撫でて慈しむでもない。いわば勝手に子供たちにしがみつかれているだけの状態で、間違って子供が下に落ちても、特に拾うようなことはしないらしい。人間の感覚でいう「子守」とは、だいぶかけ離れた雰囲気である。

日本では、およそ六〇種程度のコモリグモが知られている。その中でも最大級なのが、**イソコモリグモ** *L. ishikariana*（絶滅危惧Ⅱ類）だ。体長二センチメートル程度、脚がそこそこ長いため、野外で実際に見た感じはもう少し大きい。体は薄桃色がかった白い毛で覆われており、どぎつい色彩をしていないのもあいまって、割とやさしい雰囲気を醸す外見のクモである。名前に磯とつくあたりから想像がつくように、このクモは海岸地帯に限って生息するという顕著な生態を持つ。もっとも、彼らの生息環境は岩礁ではなく、広大かつきめ細かな砂のある砂浜である。

北海道から本州に渡って広く分布するものの、本州では日本海側のほうが記録地点が多く、北は東北地方から、中国地方まで見られる。一方、太平洋側において生息が認められている地域は少なく、茨城県より南では見つかっていない。

イソコモリグモ

日本に見られる大多数種のコモリグモ類は徘徊性で巣を作らないが、この種は徘徊せずに砂地に穴を掘って暮らす。好んで営巣するのは、波打ち際から少し離れた海浜植物群落のある辺り。成体であれば、穴の直径は一センチメートル程度、深さ十数センチメートルといったところだろうか。砂浜に穴を掘って暮らす生物はいくらでもいるため、慣れないとどの穴がこのクモの巣穴かを判別しがたい。だが、このクモの巣穴は直径が綺麗な正円で、垂直に掘られていること、内壁が糸で裏打ちされていることなどで、見分けることが可能だ。彼らはこの巣穴の入り口付近で待ち伏せし、傍を通る小動物を捕らえて食う。また、繁殖は春から初夏にかけて行われる。

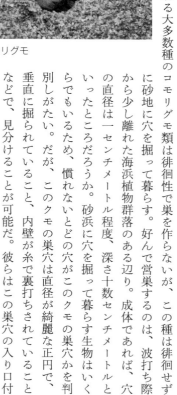

私は、今まで日本海側のいくつかの海岸砂丘で、このクモを見かけてきた。どこの産地でもさほど数は多くない。浜の植物群落のあたりを歩いていると、ときどき思い出したようにクモの巣穴が見つかる。中のクモは砂を掘れば採れるが、途中で土砂にまぎれて巣の所在を見失う可能性がある。それに、クモにとって深い巣穴を掘る作業はけっこう労力がいるため、せっかくクモが懸命に作った巣を壊すような真似はなるべくしたくない。

そこで、その辺から細長い草の穂を持ってくる。これを巣穴にそっと差し込み、中のクモをつんつんする。すると、怒ったクモが穴の中で草に嚙みつくので、手ごたえがあった瞬間すばやく引き抜く。すると、クモを外へ釣り上げることができるのだ。引きずり出されたクモは、突然のことで何が何だかわからず、その場で呆然としているので、じっくり眺めることができる。観察が終わったら、手でそっと穴の口まで誘導してやれば、あとは勝手に元の穴に収まる。簡単かつクモに与えるダメージを最小限に抑えられる方法である。

イソコモリグモは分布域こそ広いものの、個々の生息地は分断されており、各地で個体群ごとに遺伝的な分化が起きているらしい。それぞれの場所で、そこ特有の型に分かれているのであり、どこの産地の個体群も生物地理学の観点から見て貴重だ。しかし、近年は海岸砂丘の環境悪化や、砂丘そのものの消滅によって、イソコモリグモの置かれている状況は厳しいものになってきている。人間の行う海岸の防災工事や、砂浜にオフロード車を乗り入れ走り回るなどの時代錯誤なレジャー利用により、生息環境が荒らされている場所もある。先の東日本大震災に伴う津波被害、それに伴う津波対策の護岸工事により、太平洋側産地の南端たる茨城県の産地は、存続が限りなく危うい状況だという。

## †うろつく夜の童子

世の中で、アリほど小さくて軟弱で、すぐ捕食動物に食われて死にそうなイメージを持たれている生き物もそうそういないかもしれない。しかし、そんな我々の思いこみとは裏腹に、実は自然界においてアリはけっこう強い生き物だ。社会を形成し、集団で統率の取れた行動をとるという、他の昆虫ではなかなか見られない能力により、自分よりはるかに大きな生き物をも倒してしまう。

また、単体でも意外に強い。強力なアゴ、不味い蟻酸、種により毒針で武装したこの生き物を、好きこのんで襲って食べようとする捕食動物は、かなり限られてくる。そのため、カメムシやカマキリ、甲虫などの中には、外見を嫌われ者のアリに似せることで捕食者の目をごまかし、身を守っているものが多い。

一方で、アリを好きこのんで食う捕食動物が「かなり限られてくる」ということは、逆に言えば一部の「好き者」は積極的にアリを襲って食うということに他ならない。何しろアリは個体数が多く、いたる所に生息している。栄養価も高い。だから、ひとたびアリの「食いづらさ」さえ克服できたものたちにとっては、アリの巣や行列は汲めども尽きぬ無尽蔵の食料庫である。脊椎動物・無脊椎動物の別なく、そんなアリ専門の捕食者として進化した生物が、いくつもの分類群からぽつぽつ誕生している。クモの仲間も、そのうちの一つだ。

アリを専門に捕食するクモの仲間は、分類学的に決して近いとは言えない複数の科にまたがって存在する。当然、アリは普通の昆虫を狩るよりはるかに捕獲リスクを伴う相手のため、「アリ専」のクモたちは、通常のクモにはない特別な対アリ戦術を発達させている。特にその巧妙さが光るのは、網を使わずに獲物を狩る徘徊性の種においてである。

徘徊性の「アリ専」グモの多くにおいては、狩りの時に「アリに飛びかかり、嚙みつくとすぐ離す」習性を持つ。通常、徘徊性クモ類は獲物に食いつくとそのまま放さず、逃げられないようにする。しかし、アリ捕食に特化したクモは、逃げられるリスクを冒してなお捕らえた獲物を一度手放すのだ。アリは反撃能力が高い昆虫のため、ずっとアリに嚙みついたままだと断末魔のアリの抵抗にあい、致命的な反撃を食らうおそれがある。獲物に先手を打って攻撃し、相手が力尽きるまでは距離を置くという戦法は、昆虫と比べて体の軟弱なクモにとってまさに必勝の技といえよう。

海外ではホウシグモ科というクモの仲間の複数種において、こうした行動生態が詳細に調べられている。一方、この仲間のクモは日本にも数種が分布するのだが、その行動生態については驚くほど研究例がない。そんな日本産ホウシグモ科の一員に、**ドウシグモ** *Asceua japonica*（情報不足）がいる。体長はせいぜい四ミリメートル程度の小型種で、体は真っ黒く、腹部に多少の白点が散っている程度だ。小さいことから、「童子」の名が与えられているらしい。なお、ホウシグモの名は、この仲間の種全般に共通した特徴である、大きくて丸くツヤめく頭（頭胸部）を坊主の頭に見たててのネーミングだ。それを踏まえると、ドウシグモはさながら小坊主の一休といったところか。

ドウシグモ

本種が最初に見つかったのは佐賀県で、世界的なクモ学者W・デーニッツが発見した。その後、本州から九州、南西諸島の各地で確認され、国外では台湾でも見つかっている。神社の屋敷林など、少し市街地から離れていて過去に人の手であまり荒らされたことがないような林に生息する。樹上性で、苔むした樹幹や神社の石灯籠の表面を徘徊する姿が確認されているが、何かの調査のおりにたまたま一、二匹見つかる程度のクモのため、これまで食性など基本的な生態がほとんど調べられてこなかった。

昭和の初期、まだ採集記録もほとんどなかったこのドウシグモを、東京の芝公園で多数採集された人がいた。日本のクモ学の権威の一人・故深澤治男氏その人である。彼はこのクモに対して、並々ならぬ思い入れがあったようだ。精力的なフィールドワークの結果、このクモが大木の樹皮下で越冬すること、夏季にもそうした場所から得られることを見出した。彼は「住居性、食性、養殖性に就て、深くしらべてみたい」との言葉を残されたそうだが、結局それは叶わぬまま鬼籍に入られてしまったようである。以後、このクモの生態に関して突っ込んだ調査を誰かが行ったという噂は聞かない。

福岡県の博多の市街地にほど近いとある裏山は、当時学術研究員として信州から九州にやってきた私にとって、心のオアシスだった。この裏山は、豊かな照葉樹林が成立しており、様々な虫を観察するのにうってつけだ。私はこの山に、自転車で片道四〇分の道のりを経て、ほぼ毎日通った。特にお気に入りの場所は、山麓にある人けの少ない神社で、手堅くいろんな種のアリを観察できる優秀なフィールドだった。

確か、四月くらいのある日のこと。夕方、この神社に行き、境内に植わったサクラなどの樹幹を走るハヤシケアリの行列を見ていた私は、アリの行列脇に見慣れないクモがいるのを見つけた。ドウシグモである。しかも、よく見るとそのクモは、体の下に一匹のハヤシケアリを抱え込むようにして食っているではないか。私はこの時、たまたまこのクモがアリを捕っただけだと思ってあまり気に留めなかった。

ところが、翌日の夕方同じ場所の同じ木で、昨日とは体サイズが違う別個体のドウシグモが、やっぱりハヤシケアリを食っているのを見た。通常、徘徊性クモにとってアリという虫は決して好ましい餌ではないため、あのクモがアリを食っているさまにこうも連続して出会うのは、偶然ではない気がしてきた。そこで、私はこの神社の境内に植わったすべての木を見て回り、アリの行列周辺にドウシグモが来ていないかを調べてみた。すると、いるこという こと。何本もの木で、樹幹に走る小型種のアリの行列脇にドウシグモがいた。しかも、獲物を抱えている個体が多く、その獲物は例外なくアリだったのだ。毎日どんなに観察しても、やっぱりアリ以外の獲物を食っている個体は一匹も見られず、このクモがアリのスペシャリスト捕食者であることは、よもや疑うべくもなかった。日ごとに時間帯を変えて、毎日観察しに行くに従い、いくつかの新しいことがわかってきた。

ドウシグモは、日中はあてどなく樹幹を徘徊している個体ばかりだが、夕方の日没くらいの時間帯になると、そろって徘徊をやめ、樹幹のアリの行列脇に定位するようになるのだ。標的とするアリの種や分類群は問わず、しかし必ず体長三―四ミリメートル以下の種に限られた。つまりは、クモ自身が抱え込める大きさのアリで、行列を作る種なら何でもいいというわけだ。

さらに執拗に観察を続けるうち、私はついにドウシグモがアリを捕獲する瞬間にも何回か立ち会うことができた。その様はすさまじかった。行列から外れたアリがクモのそばまで寄ってきて、偶然クモの足先に触れた途端、クモは素早くアリの胸部に食らいついて捕らえる。

興味深いのはそこから先で、捕らえたのがヤマアリ亜科という分類群のアリだった場合、そのまま離さない。噛まれたアリも、ほんの数秒で抵抗する間もなく完全に沈黙する。ところが、フタフシアリ亜科という分類群のアリを捕らえた場合、高率で一度噛んだアリをまた逃がしてしまうのだ。しかし、捕獲を諦めたのではない。

獲物を一旦解放したクモは、少し離れた所に下がって身を縮め、アリが弱るのを待つ。フタフシアリ亜科のアリは、なぜかクモの噛みつき攻撃に多少の耐性をもち、すぐには倒れない。反撃を受けるリスクを避けるため、獲物を一度解放するという海外のクモで見られた性質を、日本のドウシグモもしっかり持っていたわけだ。

やがて、毒が回ってアリが動かなくなる頃合いを見計らい、クモはおもむろに行動を開始する。手探りに周囲を歩き、近くで事切れているはずのアリを探し当てて回収する。そして、近くのツル植物の葉裏などに獲物を運び入れて、ゆっくり味わうのだ。

たかだか米粒サイズほどもない、こんなとるに足らない風貌の小グモが、ライオンやオオカミ顔負けの洗練された戦術で獲物を倒していた。しかも、その戦いの舞台は遠いアフリカのサバンナでもはるかな大海原でもなく、我々の住むすぐそばの裏山である。私はその巧妙さの一部始終を見届けるたび、こんな面白い生き物が身近にいてくれたことを神に感謝すらした。

私はドウシグモに関する一連の観察記録を、すぐさま論文として学術誌に発表した。日本で最初にドウシグモの生態に興味を持った深澤氏のことを、私は個人的によく知らない。一世代前の時空を生きた人なので、直接会ったこともない。しかし、貴方がこの世に残そうとした知見のほんの一部分でも、世に送り出すことはできたでしょうか。

## †海に沈む秘密基地

海の中に住むクモがいる、というと、少し生き物に詳しい人ならばウミグモという生物を連想するかもしれない。ウミグモは、名の通り海中に生息しクモのようなひょろ長い脚を持つ奇妙な生物である。しかし、ウミグモはあくまでもウミグモ綱という独自の分類群に属す生物であり、本物のクモ（クモ綱）とはあまり縁の近しいものではない。ウミグモではなく、本物のクモで海中に没するような場所にのみ住むものがいる。**ヤマトウシオグ**

モ *Desis japonica*（情報不足）は、そんなクモの筆頭といえよう。
ヤマトウシオグモは体長七—八ミリメートルのクモの一種で、長めの脚を含めるとそこそこなサイズの生物に見える。褐色がかった色彩で、前方に突き出た凶悪そうなキバが目立つ特徴的な風貌だ。今のところ日本固有で、本州の西南部から西の地方に分布しているほか伊豆諸島からも知られるが、どこの産地でも発生はかなり局所的かつ散発的である。近年確実に見られるのは南西諸島の一部くらいしかない。
彼らの住処は、岩礁やサンゴ礁などゴツゴツした地形のある海岸の潮間帯（潮の満ち干により、干上がったり水没したりするエリア）である。潮が引いている間、彼らは地表を徘徊して回り、他の小動物を餌にする。恐らく波打ち際にいるヨコエビやハエの仲間でも捕るのだろう。潜水して魚を捕るという噂もある。
しかし、やがて潮が満ちてくると、彼らは面白い行動に出る。手近な転石やサンゴ片の下、岩に空いた小さな穴などに入り込み、糸で入り口に薄い膜状のフタを張ってしまうのだ。やがて辺りは水没してしまうが、クモが入り込んだ穴にはフタのおかげで海水が入ってこない。このまま、穴の中に残されたわずかな空気で呼吸しつつ、次の干潮を待つのである。つまり、海の中に住むとは言っても、ウミグモのように海中で海水に身を晒して日常生活を送るわけではないのだ。残念。

沖縄本島には、このクモの生息が継続的に確認されている干潟がいくつかある。そのうちの一つには、数年前からかれこれ五回くらいクモを見るだけの目的で出向いてきたが、一向に発見できる気配がなかった。干潮時、波打ち際に転がったサンゴの欠片を一つ一つ裏返し、クモの糸が張っていないかを確認していく。実は、こうした環境ではヤマトウシオグモの親戚筋にあたるイソタナグモ *Paratheuma* sp. と呼ばれるクモの仲間が同所的に生息しており、こちらのほうはぽつぽつ見つかる。本命のほうは、いくら探しても見つからないのだ。

六回目のリベンジで、私はようやくヤマトウシオグモを発見することができたが、見つけた場所は実に岸側から一キロ近く離れたずっと沖の方だった。満潮時には、膝上くらいまで海水に浸かるような場所だ。それまで、かなり岸寄りのエリアで探していたせいで見つけられなかったらしい。

海に住む不思議なクモ、ヤマトウシオグモの生態には不明な点が多い。捕食・繁殖生態など、調べるべきことは山積しているのだが、それ以前に国内での分布域が判然としていない。南西諸島以外の産地における現在の生息状況は、どこも

ヤマトウシオグモ

軒並みはっきりしない。

くわえて、彼らの生息に適した自然の岩礁海岸が埋め立てにより減っているという現実もあり、ただでさえ発見至難なこの珍しいクモは最近輪をかけて見つけられなくなってきているという。比較的高率で発見できる南西諸島の産地でも、状況は芳しくない。観光業が産業の相当な割合を占める南西諸島では、リゾート開発などに伴いこれからも自然海岸は縮小していくであろう。美しい海と山こそが南西諸島の一番の魅力なのに、寂しいかぎりだ。

### †メカニック座頭市

山へハイキングに行ったときなどに、道脇でクモのような奇怪な生き物を見かけることがある。丸いアズキのような胴体から、針金のように細い足がたくさん生えていて、知らない者にとっては不気味な代物である。これがザトウムシの仲間だ。

ザトウムシは、分類学上はクモやダニなどの親戚筋に当たる生物で、日本国内だけで八六種が知られる。しかし、我々がその辺を考えなしに歩く中で出会える種は、比較的限られる。多くの種は、目につかない土中や石の裏、洞窟などに生息しているからだ。また、どの種もあまり都市化したような環境を好まない。人目につかない生態上、開発にともなう環境悪化の影響で数を減らしても、それになかなか我々の側が気づけない。それ以前に、一般人の同情を誘うような外見ではないため、大して保護されることもない宿命を負っている。

事実、環境省レッドリストには現在一五種のザトウムシが掲載されているが、法的に保護されている種など（小笠原諸島などの自然保護区内にのみ住む種はともかく）いない。それどころか、過去数十年にわたり発見例がなく、そもそも今この日本に存在しているかどうかもわからないような連中もざらだ。

クメコシビロザトウムシ

沖縄県の久米島は、周辺の島々には見られない特殊な生物が多数見られることで知られている。ムシで有名なものとしては、天然記念物にも指定されている固有の大型ホタル、クメジマボタル *Luciola owadai* が挙げられるだろう。絶滅が危ぶまれることから、地域ぐるみでこのホタルを保護する活動が行われている。しかし、このホタルと同等に希少ながら知られざるムシたちは、他にもこの島内にいる。

**クメコシビロザトウムシ** *Parabeloniscus shimojanai*（絶滅危惧Ⅱ類）は、世界でも久米島に点在するわずか数カ所の洞窟からのみ見つかっているザトウムシだ。その姿は、普通我々がハイキングで見かけるようなアズキにゲジ脚スタイルのザトウムシとは、あまりにもかけ離れたクリーチャーである。明るいオレンジ色の胴体は、上から見ると中程でくびれてダルマのような形に見える。脚は長いには長いが、一般的なザトウムシに比べればかなり短足だ。脚は四対あり、オスでは一番後ろの両脚の付け根から大きなトゲを生やし、奇怪きわまる外形を呈する。さらに仕上げに、口元からはトゲだらけの触肢(短い脚みたいなもので、ものをつかむなどの役割をもつ)が生え、目頭には一本の短いトゲが突き立つ。私はとてもかっこいいと思うが、嫌いな人間ならば卒倒するほどおぞましい姿の生物だろう。

洞窟内をゆっくりと歩き回り、おそらく何らかの生き物を拾って食うものと思われる。しかし、詳しい生態はわかっていない。コシビロザトウムシの仲間は、日本には本種の他少なくとも二種が知られている。いずれも姿形は似ており、洞窟や薄暗い森林内の石下などに住む。

このザトウムシの生息地である島内のいくつかの洞窟のうち、ある一カ所は早期のうちに農地開拓のあおりで破壊されて消滅した。残りの生息地点も、観光客誘致のために整備されたりして状況がよくない。そんな数少ない生息地の洞窟のうち、ある一つを訪れてみた。

観光用に整備されているこの洞窟は、コンクリートで床を固めたり、照明で照らしたりはしていないものの、通り道に沿って外から持ち込んだ砂利を敷いてある。その周囲を見てまわるが、別種のザトウムシやホラヒメグモはいても、目的の種はなかなか見当たらなかった。三時間くらいかけて周囲をくまなく探し、やっとわずかな個体を確認できた。

離島において、観光客の誘致は貴重な収入源である。特に洞窟のような顕著な地形は、集客に最適な観光スポットになりえるため、すぐに人の出入りが容易《たやす》くなるように整備されやすい。一方で、洞窟という環境は地球の歴史の中で何千、何万年もの歳月をかけて形成されたものであり、一度壊してしまえばもう元に戻らない。そこに生息する生き物もまた然りである。クメコシビロザトウムシの産地たる洞窟は、今のところ人の容易に立ち入れる場所とそうでない場所が暗黙のうちに分かれている。奥のほうにまで人の手を加えなければ、当面彼らの安泰はかろうじて守られそうに思える。上手く人と洞窟性生物との棲み分けができればよいのだが。

### †海辺の足ながおじさん

**ヒトハリザトウムシ** *Psathyropus tenuipes*（準絶滅危惧）は、ぱっと見には他の一般的なザトウムシと取り立てて変わらない。体長四―五ミリメートル程、多少まだら模様がかか

ヒトハリザトウムシ

った灰褐色の丸っこい体から、例の如くすこぶる長い脚が伸びた姿。やや変わったところと言えば、ヒトハリの名のように背中に一本短いトゲが突き出ていることくらいだが、背中からトゲが一本出ている種類のザトウムシなど他にいくらでもいる。こいつが他のザトウムシと比べて際だっているのは、その生息環境だ。海っ端《ぱた》にしか住んでいないのである。

ただ海っ端と言っても、海岸なら日本中どこでも生息している訳ではない。本種の分布自体は、北海道から南西諸島まで広域におよぶ。しかし、その中でも砂浜になっていて、なおかつ海岸線ギリギリの所まで切り立った岩の崖が迫っているような場所で特に見かける頻度が高い。これは彼らが日中隠れ家として、直射日光を避けられる岩の隙間を必要とすること、さらにメスが産卵場所としてきめ細かな砂地を必要とすることが関係しているだろう。

本種の海岸環境への依存性は原則として相当に強いのだが、不思議なことに関東地方以北に限っては内陸部にもかなり進出している。彼らの生息環境の嗜好は、地域により一貫性がない。生息環境だけではなく、背中のトゲの長さや体色、さらに染色体の保有数も地域集団間でかなりばらつきがある、という。それらは本当に同じ種なんだろうか、とも思えてしまう。

私は、関東地方の沿岸部と伊豆諸島で、このザトウムシをたくさん見たことがある。このザトウムシは集合性がかなり強く、一ヵ所の隙間にしばしばすさまじい数ですし詰めになって隠れている。それが日没後になると、ぞろぞろと表に出てくるのだ。広範囲を自由勝手に歩き回り、地面に落ちている様々な有機物を拾って食べている。

伊豆諸島の海岸で見た個体数の多さたるや、想像を絶するものだったのを覚えている。イソチビゴミムシを探すため、切り立った海岸沿いの崖下で延々砂礫を掘り起こしていたのだが、夕方から日没にかけて周囲のいたるところの隙間からこのザトウムシが這い出してきた。荒野を闊歩する宇宙生物の襲来にも似た光景に、なんだか楽しくなってしまった。

ヒトハリザトウムシは、早急に保護対策を要する類の希少生物ではない。種としては日本国内のかなり広域に分布しているし、産地での個体数もすこぶる多い。しかし、その分布様式、生物学的な特性は極めて異質であり、学術的に価値の高い生物に相違ない。そんな興味深いこの生物に関して、我々はまだごく一部のことしか知り得ていないのである。

## †裏山のパンクファッション

ゴホントゲザトウムシ *Himalphalangium spinulatus*（情報不足）は、平地の雑木林やその周辺で見られるザトウムシの一種で、体長が一センチメートル近くもある（九州では、比較的標高の高い場所でも見られる場所があるらしい）。日本産の他のザトウムシが軒並み体長数ミリメートル程度のものばかりである中、胴体だけ見ると日本屈指の巨大種なのだが、その割にはかなりの短足だ。そのため、実際に目にとまった時の印象は、さほど巨大な生物には見えない。

体は全身茶褐色で、全体的に濃いまだらの模様がある。そして背中には、理由は知らないがオレンジ色でゴツゴツした五つのトゲ状突起が一列に並ぶ。ゴホントゲの名の由来がこれである。

日本では栃木県あたりを東限として、九州までの西日本各地に分布する。より西へ行くほど見かける頻度が高く、九州では場所によりおぞましいほどの個体数が見られる。しかし、一般に分布は局所的であり、いる場所には佃煮にするほどウジャウジャいるが、いない場所にはまったく見られない。

夜行性で、日中ほとんど活動する個体がいないこと、そもそも一般に顧みられることのない生物であることなどから、国内での分布状況に関してはまだ不明瞭な点が多く、環境省のレッドリストでは情報不足のカテゴリー入りとなっている。どうやら、多少とも込み入っておらず明るい雑木林が好適な生息環境らしい。雑木林の間伐が行われなくなって鬱蒼としてくると姿を消してしまうケースがあるという。成体は五、六月あたりの初夏に出現し、この時期に繁殖・産卵するようだ。幼体で越冬するとみられ、冬季に石垣の隙間などで幼体が見つかることがある。

ゴホントゲザトウムシ

福岡県内の市街地近郊にある、私がいつも根城にしていた裏山では、初夏にすさまじい数の本種を見ることができた。日没後どこからともなく、どこにこれだけ隠れていたのかと思うほどの個体が、路上に這い出してくる。いずれも大きな成体である。

彼らは地面をせかせかと歩き回っては、落ちている何かに群がって食べている。日中、車や人によって踏みつぶされた虫の死骸を食っていることが多い。しかしおそらく、手近にある有機物ならば何でも餌にするように思える。六月あたりになると、少しずつ個体数が減じてきて、盛夏前には完全に姿を消してしまう。おそらく、地中などに産みつけられた卵は年内には孵化するはずだが、夏から秋にかけて幼体が地表で活動している様を見かけることはほとんどない。

不幸にもこのザトウムシは、毒グモのセアカゴケグモ *Latrodectus hasseltii* と間違われることがある。保健所にはしばしば一般市民から、「毒グモを見つけた」と言って本種を叩き潰した死体が持ち込まれるという。体の真ん中にオレンジ色のコブが並ぶ色彩は（さらに、かなりの確率で体に真っ赤な寄生性のダニが取り付いているのも手伝い）、確かに知らない人が見たらセアカゴケグモに見えなくもないと思う。

しかし、普通セアカゴケグモは網を張るクモなので、地べたをヒョコヒョコ歩き回ったりしない。また、セアカゴケグモならば体の地色はほぼ漆黒で、ゴホントゲザトウムシのように褐色のまだらになったりはしない。ザトウムシは間違っても人間に襲い掛かってはこないし、本物のセアカゴケグモにしても直接触れない限りは無害である。パニックを起こす前に、よく相手を見定めるようにしたい。

## †山の上の天狗様

テングザトウムシ *Pygobunus okadai*（情報不足）は、遠目には他のザトウムシに比べてさほど変わった姿には見えない。しかし、よくよく見ればこれがいかに常識から逸脱した奇怪な生物かを、まざまざと見せつけられるだろう。

胴体は黒っぽい灰色で、比較的平べったい。ヒトハリザトウムシやゴホントゲザトウムシのようなトゲの類は、背中に背負っていない。その代わり、柄のついた目が真上に向かって飛び出ており（この飛び出た目を眼丘という）、さらにその目頭には一本のトゲが突き立っている。まるで、漫画『寄生獣』に出てくる寄生生物ミギーに角が生えたようにも見えて、とても珍妙な顔立ちをしている。脚の付け根にも短いトゲを生やしていて、勇ましい姿だ。

テングザトウムシ

なお、テングザトウムシという名は、顔の先端部（頭胸部前縁中央）に短い突起が前に向かって一本ちょびっと出ており、これを天狗の鼻に見立てての命名らしいが、個人的には目玉のインパクトが強すぎるため、あまり言い得て妙なネーミングには思えない。全体的に、水平方向にトゲがやたら多い印象の虫である。

テングザトウムシは日本固有種で、なおかつ奄美大島の固有種である。至近の島に似たものはおらず、これに一番近縁な種は台湾までいかないと見られない。かたや奄美大島にはツヤミカドオオアリ *Camponotus amamianus*（情報不足）のように、近縁種が中国大陸にしかいない固有種の虫もいたりする。同じ島に住む固有種でも、それが今その土地にたどり着くまでに歩いてきた道のりは全然違うのかもしれない。生物地理学の面白さは、こういうところにある。

テングザトウムシが住むのは、島の西部にある同島最高峰、湯湾岳《ゆわんだけ》の中腹以上の森林地帯に限られるという。林床に転がっている湿った倒木や石裏に張りついているが、地面との間に出入りできるほどの隙間があることが生息に必須だ。干渉されると結構素早く逃げるが、それ以外の時はじっとしていて動かないことが多い。

何を食べているのかなど、基本的な生態は何も分かっていないに等しい。三月から六月にかけて、成体が見つかっているという公式情報がある。だが、私は四月に若齢個体、一〇月に若齢個体と成体双方をそれぞれ見ており、年間を通じて同時期にいろんな成長段階の個体が存在しているのではないかと思う。

湯湾岳の山頂付近は保護区となっているため、急激に環境が破壊されることは今後おそらくないであろう。しかし、かつてこのザトウムシの生息状況を調べたことがあるが、半日かかってようやく数個体見つけた程度だったので、生息密度はかなり低い生物であることは間違いないだろう。基本的な行動生態の把握に加えて、他の山塊における生息状況の調査も行われるのが好ましい。というより、自分で行いたいとすら思っている。しかし、近年同島内で進む、山間部での昆虫採集者を閉め出す動きが、そうした純粋な学術研究の遂行を徒《いたずら》に妨げる枷《かせ》にならなければよいのだが。

**†滝の裏側に挑む**

アカスベザトウムシ *Leiobunum rubrum*（情報不足）は、妙なザトウムシである。名前に「アカ」がつくし、学名（種小名）の *rubrum* も赤を意味するのに、体は黒いのだ。黒い地色の体に、スポット的にオレンジ色の小さな斑紋が出る程度である。命名者は、なぜこの生き物にわざわざ赤などという名をつけたのだろうか。

妙なのは、その名だけではない。本州と対馬に飛び地的に分布するこのザトウムシは、やや風変わりな環境に限って生息する。それは、こんもりとした森を流れる滝のすぐそばの、湿った石垣の隙間だ。滝の水しぶきがかかるような場所の、岩と岩の隙間に隠れているとされている。ただ、後述のように必ずしも水しぶきが必要なわけではなく、直射日光が当たらなくて湿度のきわめて高い空隙が存在することが、生息に必須な条件なのだと思われる。

西日本のとある山間地の滝にこのザトウムシが生息するという、やや古い記録がある。

アカスベザトウムシ

それを頼りに、七月上旬にそこまでザトウムシを探しに行ってみた。文献によれば、大きな滝の水しぶきがかかる岩場にいるというので、傘をさして滝のすぐ近くまで寄ろうとした。しかし、思いの他滝の勢いがすさまじく、傘などさしていても風圧と大量の水しぶきとでたちまち全身がずぶ濡れになってしまった。それでも何とか、コケですべる岩にしがみつきながらヘッドライトで岩の隙間を一つ一つ覗き込んで探す。岩場の随所には隙間があり、アカスベが生息するには申し分ない様相を呈していた。

ところが、いくら探してもそのような場所にアカスベが見つからないのだ。いるのは、一見似た雰囲気で一回り大きいサトウナミザトウムシ *Nelima Satoi* ばかり。なお、このサトウナミザトウムシというのも本当は比較的稀な種で、アカスベと同様に湿度の高い沢沿いの石垣の隙間に限って住む。結局、ここでアカスベを見つけることはできなかった。

それからしばらく経った八月末、調査協力者を伴ってまたその産地を訪れた。今度は滝にこだわらず、とにかく沢沿いの陰になった岩の隙間を片っ端から見ていった。その結果、川の水面に張り出している巨岩の下側に、二、三個体が張りついているのをようやく発見できたのだった。脚はとても長く、典型的なザトウムシの姿をしていた。観察のために岩の下側に手を回し、岩の表側に追い出してみた。

どうやら、普段は岩の裏側に張りつき、背中を地面に向けてじっとしている体勢が落ち着くらしく、すぐさま岩を伝って下側へ戻ろうとする。何度表側に追いやっても、すぐに下側に隠れてしまうのだった。この時の発見箇所は、直上に大きな樹木の枝葉がかかって昼なお暗かった。そして、岩の裏側は水が岩盤からうっすらしみ出ている環境ではあったが、水しぶきのかかるような場所ではなかった。直射日光が差さず、湿度の保たれた岩の隙間やひさし状に水面に陰を作る岩の裏側といった場所が、彼らの本来の生息環境のように思える。

アカスベザトウムシは、生息環境がやや特殊であるため、普通に山歩きをしていて見かけることはまずない。しかし、気をつけて探せば、これからいくらでも新しい産地が見つかる可能性が高く、実際にはさほど希少な生物ではないことが近い将来判明するかもしれない。

## 虫マニアの功罪3

私には、昔から納得のいかないことが一つあった。世間では、昆虫採集が自然破壊行為の象徴として必要以上に批判・非難されたり、あるいは変質者の歪んだ趣味として扱われることが多い。昆虫趣味の猟奇的殺人犯や変質者が登場する映画や小説など、別に文学通ではないこの私でさえ、四つ五つくらいすぐに思い浮かぶほどである。その反面、なぜか魚釣りに関しては、（少なくとも昆虫採集に浴びせられるような）悪意をもって世間で批判される向きがあまり見られない。それどころか、釣りはしばしば「スポーツ」の範疇としても扱われ、自然と触れ合える健全な娯楽のようにさえ言われている。*

「自然の恵みをいただく」という点では、昆虫採集も魚釣りも何ら変わらない性質のもののはずだ。それに魚釣りにおいても、在来生態系を乱す外来魚の密放流、釣り糸などのゴミの投棄など、自然環境にまつわる諸問題は昆虫採集に負けず劣らず引き起こされている。たしなむ人口の多さを考えれば、魚釣りのほうが昆虫採集よりもはるかに自然環境に負荷をかけている道楽だろう。なのに、かたや変態趣味、かたや健全スポーツ。この扱いの温度差はいったい何なんだと大いに憤慨するとともに、この原因がどこから来るのかを、私はこの数年間暇さえあればずっと考え続けてきた。ない知恵を絞って考えた結果、やがて私は「社会に金を回しているか否かの違い」ではないかという結論に達した。

今や釣りは一大産業の一つだ。国内だけでもさまざまな釣具メーカーが一〇も二〇も存在し、それぞれが切磋琢磨してさまざまな釣具を日々開発している。また、地方に行けば、釣りを主要レジャーとして売り出している観光地はいくらでもある。海辺の漁村の民宿街などでは、追加料金を払えば沖まで船を出して釣りをさせてくれる宿もざらだ。昨今、昆虫採集をあれほど目の敵にしている南西諸島、毎年のように新しく昆虫採集禁止条例を作りまくっている長野県でも、釣りに関してはむしろ歓迎している趣きすらある。釣り人は、遠くから地方にやってきてたくさんの金を落とし、地域経済を潤すのに一役買っている。そんなお客様が、丁重にもてなされるのは当然だ。

一方、虫マニアは何やら勝手にコソコソやってきて、黙って虫を採って持ち去るばかりというイメージ。地域に対してろくに還元するものがない（現地の宿に泊まるなど、地域経済に貢献する要素も一応あるが、釣りのそれほど地元民に対して見える形で表に示されない）。まして、虫マニアに関連するニュースがメディアに取り上げられるのは、十中八九「希少な昆虫を密漁」だの「インターネットで大量に売りさばく」だのが発覚したときばかり。ろくな内容で取り上げられる機会もない。これでは、虫マニアが地域に金を落とさないばかりか、地域の財産を持ち逃げする悪辣な連中とのそしりを世間から受けても致し方ないだろう。この点、皮肉でもなんでもなく、釣り業界は実にうまく立ち回っていると思う。

私は自身の調査研究上、あるいは単に趣味で虫を探す目的で、よその土地を旅することが多い。その際、少しでもその土地の経済に寄与するよう、「なるべく自分が虫採りをしに来たことを公言したうえで」現地の宿や公共交通機関を使うことを心がけている。また、なるべくその土地において自然な農法で作られた農産物を買って食べる「地産地消」も励行している。これは地域経済への貢献にくわえ、近年レッドリストに載せられている絶滅危惧種の昆虫の大半の種が、水田や耕作地といった人為的里山環境に依存して生息することを意識してのことだ。農薬を使わない水田はコガムシの住みかであり、畑はハリサシガメの住みかであり、薪炭林はコトラカミキリの住みかである。農家に金が入らなければ、田畑はどんどん潰されて住宅街やメガソーラーに置き換わっていってしまう。だから、その土地の米や野菜を食べることで、巡りめぐって絶滅危惧種の虫たちの未来の安寧につながることを願いたい、と思っている。それから、田舎でいい虫が採れたなら、最寄の神社に出向いて賽銭を投げる。すばらしい出会いの機会を与えてくださった土地神に、感謝の意をこめて。

私はこの本（そしていつか作る図鑑）に掲載する写真を撮るため、数多《あまた》の昆虫の住みかに踏み込み、その安寧を乱したことを認める。その罪滅ぼしに、少しでも彼らの生息環境維持につながることを願い、本書の販売収益の一部を各地の自然史系博物館、しかるべき自然保護団体その他に寄付しようとも考えている。もっとも、余所様に寄付できるほどの収益が、こういう内容の本によって得られるかどうかは限りなく怪しいものだが……。

＊実のところ、釣りより昆虫採集のほうがはるかに体力を使う。逃げる獲物を全速力で追うランニング、目的の虫を求めて野山を何時間でも歩くトレッキング、重い石を持ち上げるリフティングなどなど、釣りなんぞよりずっとスポーツと呼ぶにふさわしい要素が満載だ。

# 8 多足類の仲間など

多足類はムカデやヤスデなど、いわゆるゲジゲジと呼ばれて気味悪がられている生き物たちである。昆虫に比べて研究者は少なく、したがって生態や生息状況に関する情報もかなり限られてくる。環境省レッドデータブックには、四種のヤスデがリストアップされており、本書ではそのうちの一種のみを扱った。甲殻類では、そこそこの体サイズを持つエビやカニの仲間において多数の種が環境省レッドデータブックにリストアップされている一方、小型で目立たないマイナーな甲殻類も若干種含まれている。本書では、陸生の一種のみを扱った。

上述の二種はいずれも地下性の種で、鉱山開発あるいは洞窟の過剰な観光整備により生息を脅かされているものたちである。

## †地底の白き龍

リュウオビヤスデ *Epanerchodus acuticlivus*（情報不足）というヤスデの一種がいる。この美麗な生き物は、徳島県東部の山中にかつて存在した洞窟「龍の窟」から発見され、新種記載された（この洞窟に関しては、リュウノメクラチビゴミムシの項［二六一―二六二頁］を参照）。私はこの虫の存在を、当時まだ環境「庁」だった頃の一九九一年版のレッドデータブックを読んで初めて知った。興味も関心もない人間が見れば単なるキモいゲジゲジに違いないのだが、私はそのレッドデータブックに書かれていた本種の形態的特徴を読み、その神々しいまでの御姿に想像の翼をはばたかせたものだった。

記述に寄れば、暗黒の世界に住むそれは、全身の色素が抜けて完全に純白だという。体の各節々は横に薄く張り出し、外見がとても優美らしい。「龍の窟」にはこのリュウオビヤスデのほか、外見ではそれとほぼ区別できない近縁種ホシオビヤスデ *E. aster*（情報不足）も生息し、リュウオビと一緒に一九七〇年に新種記載されている。一般的に、地下性生物は同所的に近縁の複数種が共存しない傾向が強いため、この近縁な二種のヤスデが一つの洞窟内に共存している事実は非常に興味深い。

しかし、この「龍の窟」は、石灰岩採掘により跡形もなく消滅してしまい、これらヤスデの存続はまったく分からない状況が長らく続くこととなった。二〇〇〇年代に入り、ホシオビのほうはかつての「龍の窟」跡地から相当離れたところにある、別の洞窟一カ所で再発見された。他方、第一発見の地たる「龍の窟」跡地周辺での地下性ヤスデ類の生息調査は、洞窟の消滅以後過去四〇年以上にわたり、誰一人行う者がなかった。

地下を人力で掘削する生物調査は多大に時間と労力を必要とするし、好適なポイントを狙い澄まして掘らねばならない。そのポイントの見定めも相当な経験と熟練を必要とするので、普通の人にはとても難度が高い調査方法といえる。さらに、そこまで苦労してゲジゲジを地中から掘り出したいなどと思う人種自体の少なさが、今の状況を四〇年もまかり通し続けさせてきたのだ。

私は二〇一五年、ふときまぐれを起こしてこの「止まった時間」を動かしてやろうと思い立った。電車とバスと徒歩で片道半日以上の旅を経て、「龍の窟」跡地のある山林へと分け入った。そして、かつて洞窟があった場所のすぐ近くにある川の源流へ行き、バールのようなもの一本でひたすら地面を掘り返した。

そして、地下四〇センチメートル位の深さまで掘り進めた頃だったろうか。この辺りの土砂は水分を含んだ粘土質のため、掘るたびに上から崩れてきて掘削箇所を埋めてしまう。それをどかそうとして手で土砂を掻いた時、土砂の隙間から真っ白くて動くものが顔を出

リュウオビヤスデ

した。それを見た瞬間、思わず声を上げて土砂ごと手で掬い上げた。ヤスデである。自分の掘った暗い穴の中で、ヘッドライトに照らされたその姿は、まさに夜空に浮かぶ星のように光り輝いて見えた。

その後この箇所をさらに注意深く掘った結果、さらに二匹を得ることができた。うち一匹は、平べったい石と石の間にできた、ほんの二ミリメートル弱の隙間から出てきた。このヤスデの体は非常に扁平で、わずかな岩盤の空隙にも入り込めるようにできているのだ。洞窟はとうの昔に消滅してしまったが、虫そのものは今もちゃんと滅びずに生き続けていることが、これで明らかになった。

ホシオビヤスデとリュウオビヤスデは、従来洞窟でのみ発見されていたことから「真洞窟性ヤスデ」と呼ばれていた。今回の調査により、その真洞窟性ヤスデが洞窟などなくても地下の隙間にもちゃんと生息していることが初めて示されたわけである。既に予想はしていた事実だが、実際にそれを見て確かめることに意味があるのだ。リュウオビの片割れたるホシオビのほうは、このときの調査では見つからなかった。しかし、いずれ見つけ出す所存である。

この地域の石灰岩採掘は、「龍の窟」消滅以来現在に至るまで、ずっと続いているという。今後どのような方針でなされていくのかはわからないが、河川の源流域周辺での採掘だけはどうにか避けてほしいものである。行政が適切に指導・助言すべきであろう。

## †砂礫の中の蠟細工

ワラジムシやダンゴムシは、本来はムシの範疇ではなく甲殻類、つまりエビやカニの親戚筋にあたる。甲殻類と一口に言っても非常に多彩な分類群が含まれており、我々がワラジムシとかダンゴムシと呼んでいるのは、甲殻類の中でも等脚目《とうきゃくもく》と呼ばれるもののうち陸上で生活するグループにあたる。環境省のレッドリストには、水中生活する等脚目の仲間が複数種リストアップされている。そんな中**ホンドワラジムシ** *Hondoniscus kitakamiensis*（絶滅危惧I類）は完全な陸生種で唯一リストアップされた等脚目だ。

本種が属すナガワラジムシ科の面々は、いずれも体長わずか二―三ミリメートル程度の小型種からなる仲間である。乾燥にかなり弱く、湿った土中や洞窟に生息するものがほとんどだ。そして、洞窟に生息するタイプのものは、体の色素が薄くなり、目が退化傾向を示す。種により、この傾向の出方にはいくらか段階が見られる。ホンドワラジムシは、ナガワラジムシ科の中では地下生活にきわめて特化した部類に入る種だ。

体色はほぼ完全に真っ白で、まるで象牙か蠟を削り出してこしらえたかのような美しい姿。目は完全に退化し、痕跡すらない。このワラジムシは、本土と名乗ってはいるものの、その名から想像するほど広大な分布を示さない。むしろ、ほぼピンポイントのきわめて狭い範囲でしか発見されていない。本種は、岩手県岩泉町にある観光スポットとして名高い「龍泉洞」という洞窟から初めて発見され、他に似た近縁種のいない新属新種として記載された。当時、この洞窟はあまり人の手が入っていなかったらしく、洞内の湿った岩屑が堆積した場所で複数個体が見つかったようである。

ところが、その後この龍泉洞は、地域の観光名所として大々的に開発されることとなった。それまで存在しなかった大きな穴を人工的に掘削して開け、外界とつなげてしまったため、空気の流通が起きて洞内の水分が飛んでしまった。かつてこのワラジムシが発見されたエリアもその例にもれず、乾燥にからきし弱い彼らは瞬く間に死滅した。

その結果、この洞窟内でその後ホンドワラジムシが発見されたという話はなく、環境省および岩手県のレッドリストに絶滅危惧種としてリストアップされるに至った。特に環境省レッドにおいては絶滅危惧I類という、同じく希少なカブトガニ *Tachypleus tridentatus* 並みの高い絶滅危惧ランクがついているのだが、その後不可思議なほど誰もその探索への努力をしていないようなのである。

ホンドワラジムシの記載後かなり経ってから、山形県の山中でこれに近縁な同属種モガミワラジムシ *H. mogamiensis* というのが発見された。これは洞窟ではなく、山沢の地下を数十センチ掘り下げたあたりの地下砂礫間から出てきたという。つまり、メクラチビゴミムシと同じで、これらワラジムシは必ずしも洞窟のような大きな洞穴でなくとも、地下空隙さえあればそこに生息しているのである。龍泉洞は観光地化されてしまい、洞窟性微生物の生息地としてはおそらくもう死んでしまっている。だが、この洞窟を包含する山体にある沢の源流地下を掘れば、実はホンドワラジムシがまだそこに生き残っているのではないか。そう考え、私は二〇一五年に思い切って岩泉町の山まで出向いた。

私が発見したナガワラジムシの一種

地形図を頼りに生息の可能性が高そうな沢をいくつか見つけ出して、ひたすら掘った。その結果、ある一つの沢からとても小さなワラジムシが出た。全身真っ白で、目が退化している。間違いなく地下性のナガワラジムシ科のものである。しかしながら、私はこのワラジムシが果たして目的のホンドワラジムシであるかどうかを判別できずにいる。

ワラジムシの種を同定するには、生殖器の形態など非常に微細な特徴をチェックしないとならない。だが、私の手近にある安物の実体顕微鏡では、このワラジムシの持つ極めて小さな生殖器の形態を観察できないのだ。それ以前に、このワラジムシは全身があまりにも真っ白すぎるため、顕微鏡で観察してもどこがどの部位なのかを目視でまったく確認できない。そうしたことから、私の得たサンプルは今なお種を特定できぬまま、机の引き出しに眠り続けている。

私は大学生の頃、ホンドワラジムシの元々の産地だった龍泉洞そのものの中へ一度だけ入ったことがある。中はライトアップされて観光客向けの装いになっており、また洞内に生息するコウモリなどの生態について解説するパネルもあった。しかし、私が洞内のコースを一巡りした中で、この洞窟内にかつていたホンドワラジムシのこと、それを観光開発のせいで洞内から絶やしてしまったことに関して説明するパネルが（少なくとも私が行った当時）一つも見当たらなかったことが、妙に心に引っかかった。

# あとがき

中高生向けの小説で『デート・ア・ライブ』（橘公司著、富士見ファンタジア文庫）という作品がある。近未来の世界を舞台に、異次元から人類の脅威たる謎の生物「精霊」が突如出現し、これをどうにかするというのが内容の大筋だ。以後、若干のネタバレを含むためご注意を。

精霊には複数個体おり、どれも外見はご都合主義的に愛らしい美少女なのだが、彼女らはその見た目にそぐわぬ強大な力を身に宿している。彼女らは異次元からこちらの世界へと時空を歪めて出現する際、甚大な爆発を起こす。そのたびに人類は生活が脅かされるため、問答無用で精霊を敵と見なし、躍起になって精霊を退治しようとする。精霊の正体がいったい何で、なぜ出現するのかなどは不明だが、とにかく彼女らの出現は人類にとって物質的・人命的な損害と同義のため、人類は条件反射的に精霊を殺すことを悲願としてきた。

そんな中、それとは異なる平和的手段で精霊にまつわる問題を解決しようとする酔狂な組織が現れる。すなわち、精霊を説得してその体内から破壊的な力だけを抜き取らせてもらい、精霊を安全な生物にしてしまおうというのだ。その酔狂な組織に見出され、精霊との対話交渉役に選ばれた主人公の活躍が描かれている。

ファンタジーとしてはありがちでベタな内容だし、まして三十路も過ぎたオッサンが今更はまるような小説ではないのだが、私はこの小説にひどく感化されてしまった。それは、作中に登場する精霊たちのあまりに美しく愛くるしい様にやられてしまったから、というのと同時に、本作の精霊という存在の設定が、私がいま探し求めている「地味な絶滅危惧種の虫たち」と、いくつかの点で非常に酷似しているからだ。

第一に、どちらも基本的に生態不明で、正体がよくわからない存在であること。二つ目に、正体がわからないにもかかわらず、人々はそれのことを理解する努力をせず、意図するしないは別にしてそれらをこの世から消そうとしていること。さらに付け加えるなら、ある期間だけ人間の前に姿を現し、それ以外は完全に姿を消しているということだろうか(いくつかのハチやカなどのように、絶滅危惧種でありながら人間に物理的、経済的な被害を与えるため、迫害される種がいる点も共通している)。

「地味な絶滅危惧種の虫たち」の中には、成虫はそこそこ発見できるのに、幼虫が見つかっていないものが非常に多い。つまり、幼虫期の生態が不明な種がやたら目立つ。まるで、幼虫の期間だけこことは異なる異次元に存在し、成虫になった途端こちらの世界に現れるが如く、幼虫だけが見つからない。例えばカエルキンバエ *Lucilia chini* という絶滅危惧種のハエは、成虫なら発生時期に生息地で探せばなんとか発見できなくもない。しかし、その幼虫がどこで何をしているのか、日本ではまだ誰一人見た者がいない。一部の研究者のみが何となくこうであろうと予測は立てているが、結局その一部の研究者を含め誰も調べないまま二一世紀に至っている。

昆虫にとって、成虫期間とは自分の子孫のためだけに生きている期間である。一方、幼虫期間は自分が一日も早く成虫になるために活動する、他ならぬ自分自身のためだけに生きている期間だ。自分の成長という悲願を達するためには平気で他者を利用し、逆に他者に自分を是が非でも利用させまいとする。そのどこまでも冷徹でエゴイスティックな生きざまは、ともすれば都会にかぶれた人間が言いがちな「美しき大自然」とはかけ離れた、意地汚くてドロドロしたものだ。しかし、「生きる」という命題のために何の後ろめたさもなくそんな大立ち回りをやってのける小さな虫たちの姿に、私は命というものが本来持つ躍動を見ている。私は、一種でも多くの虫の幼虫期の生きざまを見てみたいと思うようになった。

だが、昨今の環境悪化に伴って、日本国内から多くの虫たちが姿を消している。しかも、それらの多くは生態（特に幼虫期）がわからないまま滅びて行こうとしているのだ。私はこれまで、身近な裏山に生息する様々な生態不明の昆虫に関して、その驚くような幼虫期の生態を暴いてきた。樹幹に付くカイガラムシが出す排泄物を舐めるために、それをガードするアリの群れに紛れる能力を得たガ。理由の分からない休眠期間を間に挟みながら、シロアリを暴食して瞬時に成長するカゲロウなどなど*……。

テレビの自然番組で見飽きたゾウやライオンも裸足で逃げ出すような、珍妙で面白い生態を持つ生き物は、まだまだこの日本にたくさんいる。しかも、我々のすぐ近くに。それに気づかないまま、それらをこの世から消してしまうのは、あまりにも惜しい。だから、私は絶滅の危ぶまれる虫たちの中でも、より「金銭的価値がない」「より人々の同情心を引かない」「研究対象として扱えるほどの個体数を得られない」ゆえ、研究者すら誰も調べたがらないものばかりに注目し、その生態を明かしてやりたいと思っている。

『デート・ア・ライブ』の主人公は、なぜかは知らないが精霊とキスをすることで、精霊の持つ暴力的な力を封印・無力化する能力を持つ。しかし、精霊の側がこちらに心を許していない状態で、いくら物理的に唇同士を合わせても、その効果は発動しない。危険な精霊たちを安全な生物に変えて世界を破壊から守るため、主人公は精霊に恋をさせ、最終的にキスを拒まれない程度に親密にならねばならない。

この精霊に親愛を示された状態を、作中では「デレさせる」と表現する。私も、一種でも多くの地味で生態不明で、それにもかかわらず研究者にも見捨てられた絶滅危惧種の虫達を、この国から滅び去る前にデレさせるつもりでいる。

※　※　※

本書を執筆するにあたり、青柳克、秋田勝己、伊藤研、井上美恵子、岩井大輔、上田昇平、柿添翔太郎、上手雄貴、川野敬介、河野太祐、菊池波輝、久保田政雄、酒井周、佐藤歩、澤田織世、四方圭一郎、下山良平、菅谷和希、杉本雅志、関根秀明、中峰空、服部充、林成多、原有助、伴光哲、藤澤庸助、掘繁久、前田芳之（故人）、丸山宗利、吉富博之、以上の方々には、各種昆虫に関する情報提供、写真撮影の補助に関して多大なるご協力をいただいた。

大瀬幸一（アマミナガゴミムシ）、女木島観光協会（チュウジョウムシ）、長崎県自然環境課生物多様性保全班（シオアメンボ）、熊本県五木村役場ならびに国土交通省九州地方整備局川辺川ダム砂防事務所調査課（イッキメナシナミハグモ）、以上の方々には、各種昆虫の撮影およびそのための一時捕獲許可をいただくとともに、撮影に関する数多くの助言をいただいた。

特に、川野敬介、須黒達巳、中島淳、長島聖大、丸山宗利の各氏（敬称略）には、お忙しいなか本稿の内容をチェックしていただいた。この場を借りて厚く御礼申し上げる。最後に、本書に取り上げる写真を撮るために、その生息地を踏み荒し、厚かましくも捕獲し、場合により種同定のため命を奪わざるを得なかった虫たちへ、最大限の謝罪と感謝の意を捧げる。同時に本書の出版が、声なき生き物たちの行く手に広がる陰鬱な未来に、少しでもやすらぎをもたらす結果につながることを、心から願うものである。

＊これらの詳細については、以下の文献を参照されたい。

Komatsu T, Itino T. 2014. Moth caterpillar solicits for homopteran honeydew. Scientific Reports 4: 3922. doi 10.1038 srep03922.

Komatsu T. 2014. Larvae of the Japanese termitophilous predator *Isoscelipteron okamotonis* (Neuroptera, Berothidae) use their mandibles and silk web to prey on termites. Insectes Sociaux, 56: 389-396.

# 参考文献

＊なお、主要参考文献である、環境省編『レッドデータブック２０１４——日本の絶滅のおそれのある野生動物 5 昆虫類』ぎょうせい、は、環境省編『レッドデータブック２０１４』とした。

## 1　コウチュウ目


### 素敵なる薄毛

上野俊一（２００８）「九州東部に分布するウスケメクラチビゴミムシ類」『Elytra』36（2）

岸本年郎（２０１５）「ウスケメクラチビゴミムシ」環境省編『レッドデータブック２０１４』

### 地下に眠る紅き宝石

岸本年郎（２０１５）「ナカオメクラチビゴミムシ」環境省編『レッドデータブック２０１４』

### 豊かさの足下で

岸本年郎（２０１５）「リュウノメクラチビゴミムシ」環境省編『レッドデータブック２０１４』

北山健司、森正人（２００５）「リュウノメクラチビゴミムシの地下浅層からの記録」『ねじればね』113

文化庁編著（１９７５）『植生図・主要動植物地図36　徳島県』

### 煉獄の玉砂利海岸

亀澤洋（２０１５）「ナンカイイソチビゴミムシ、イソチビゴミムシ、イズイソチビゴミムシ」環境省編『レッドデータブック２０１４』

### 海の小さな忍術使い

岸本年郎（２０１５）「ウミホソチビゴミムシ」環境省編『レッドデータブック２０１４』

国土交通省四国地方整備局（２０１７）「波介川床上浸水対策特別事業事後評価」http://www.skr.mlit.go.jp/kokai/project_evaluation/h28/4th/pdf/03.pdf

浜辺に隠された青い秘宝
亀澤洋（2015）「ウミミズギワゴミムシ」環境省編『レッドデータブック2014』
アリの巣の中のロボ
亀澤洋（2015）「クロオビヒゲブトオサムシ」環境省編『レッドデータブック2014』
環境に優しい環境破壊
藤本博文（2001）「ドウイロハマベゴミムシ」「福岡県の希少野生生物」http://www.fihes.pref.fukuoka.jp/kankyo/rdb/rdbs/detail/200100782
亀澤洋（2015）「ドウイロハマベゴミムシ」環境省編『レッドデータブック2014』
回る潜水艇
中島淳ほか（2015）「ミズスマシ」環境省編『レッドデータブック2014』
中島淳ほか（2015）「オオミズスマシ」環境省編『レッドデータブック2014』
川縁の益荒男
永幡嘉之（2015）「キベリマメゲンゴロウ」環境省編『レッドデータブック2014』
さまよう根無し草
西原昇吾（2015）「トダセスジゲンゴロウ」環境省編『レッドデータブック2014』
田島文忠、柳田紀行（2010）「利根川中流域における希少種トダセスジゲンゴロウの生息環境と生活史」『ホシザキグリーン財団研究報告』13
水田の顔見知り
林成多（2015）「コガムシ」環境省編『レッドデータブック2014』
渚のキウイのタネ
蓑島悠介（2015）「クロシオガムシ」環境省編『レッドデータブック2014』
足下を掬う虫を掬う
蓑島悠介（2015）「オキナワマルチビガムシ」環境省編『レッドデータブック2014』
青柳克（2014）「オキナワマルチビガムシ、沖縄島中部に多産す」『琉球の昆虫』38

### 埋葬屋の憂鬱

丸山宗利（２０１５）「ヤマトモンシデムシ」環境省編『レッドデータブック２０１４』

大川秀雄（２０００）「ルリエンマムシ」『レッドデータブックとちぎ』http://www.pref.tochigi.lg.jp/shizen/sonota/rdb/detail/18/0087.html

長谷川道明ほか（２００９）「ヤマトモンシデムシ」『レッドデータブックあいち２００９』http://www.pref.aichi.jp/kankyo/sizen-ka/shizen/yasei/rdb/koncyu/animals_295.pdf

### 高原の一蓮托生

Saito, K., Yamamoto, S., Maruyama, M., & Okabe, Y. (2014). Asymmetric hindwing foldings in rove beetles. Proceedings of the National Academy of Sciences, 111 (46), 16349-16352.

丸山宗利（２０１５）「ヤマアリヤドリ」環境省編『レッドデータブック２０１４』

### 海辺の七福神

丸山宗利（２０１５）「ホテイウミハネカクシ」環境省編『レッドデータブック２０１４』

### 太陽神の盛衰

長谷川道明ほか（２００９）「クロモンマグソコガネ」『レッドデータブックあいち２００９』https://www.pref.aichi.jp/kankyo/sizen-ka/shizen/yasei/rdb/pdf/ANIMALS/ANIMALS07_2.pdf

山下伸夫、吉田信代、渡邊彰、三上暁子（２００４）「牛用駆虫薬が牛糞分解に関与する昆虫類の発育に及ぼす影響」『東北農業研究』57

川井信矢（２０１５）「クロモンマグソコガネ」環境省編『レッドデータブック２０１４』

川井信矢（２０１５）「ダイコクコガネ」環境省編『レッドデータブック２０１４』

### 川底を這う忍者

上手雄貴、丸山宗利（２０１５）「アヤスジミゾドロムシ」環境省編『レッドデータブック２０１４』

吉富博之、丸山宗利（２０１５）「ヨコミゾドロムシ」環境省編『レッドデータブック２０１４』

### 虎の威を借りる虫

高桑正敏（２０１５）「コトラカミキリ」環境省編『レッドデータブック２０１４』

### 絶滅危惧種の本を出すということ


矢原徹一ほか（2003）『レッドデータプランツ――絶滅危惧植物図鑑』山と溪谷社
森正人、北山昭（2002）『図説　日本のゲンゴロウ』文一総合出版
栗林慧ほか（1984）『甲虫――野外ハンドブック　12』山と溪谷社


## 2　チョウ目

### 洪水の賜物


佐藤力夫（1991）「大英自然史博物館所蔵の日本産ソトオビエダシャク」『誘蛾燈』123
西尾規孝（2000）「上田市周辺のソトオビエダシャク」『まつむし』90
岸田泰則（2015）「ソトオビエダシャク」環境省編『レッドデータブック2014』


### 二つの世界を知るもの


岸田泰則（2015）「カワゴケミズメイガ」環境省編『レッドデータブック2014』
前田留理子、松元音旺（2015）「鹿児島市火の河原でカワゴケミズメイガを採集」『SATSUMA』155


## 3　ハエ目

### 人を襲う絶滅危惧種


大原賢二（2015）「ヤツシロハマダラカ」環境省編『レッドデータブック2014』
大原賢二（2015）「オオハマハマダラカ」環境省編『レッドデータブック2014』
栗原毅（2002）「日本列島のマラリア媒介蚊：南西諸島を除く」『衛生動物』53（Supplement2）.
林利彦（2006）「オオハマハマダラカ」環境省編『改訂・日本の絶滅のおそれのある野生生物5　昆虫類』自然環境研究センター


### 太古の記憶を持つ羽虫


大原賢二（2015）「ハマダラハルカ」環境省編『レッドデータブック2014』
三枝豊平（2004）「日本列島固有のハマダラハルカについて」『昆虫と自然』506

**川底のハイパーメカ**
三枝豊平（2015）「カニギンモンアミカ」環境省編『レッドデータブック2014』
**西の果ての脇役**
林利彦、大原賢二（2015）「ヨナクニウォレスブユ」環境省編『レッドデータブック2014』
**薩摩の島に散る**
大原賢二（2015）「サツマツノマユブユ」環境省編『レッドデータブック2014』
高岡宏行（2002）「南西諸島におけるブユの分類、分布および生態——ブユの採集、標本作製、形態観察、同定ガイド」『衛星動物』53 (Supplement2)
**裏山の顔なじみ**
斎藤一三（2015）「日本産ブユの種小名および和名の由来」『衛生動物』66（1）
大原賢二（2015）「ネグロクサアブ」環境省編『レッドデータブック2014』
**密かなる蚊トンボ**
大原賢二（2015）「エサキニセヒメガガンボ」環境省編『レッドデータブック2014』
**消えゆく能登の金貸し**
川上洋一（2010）『絶滅危惧の昆虫辞典』東京堂出版
林利彦、大原賢二（2015）「ゴヘイニクバエ」環境省編『レッドデータブック2014』
**アリの巣より生まれし黄金**
大原賢二（2015）「ケンランアリスアブ」環境省編『レッドデータブック2014』
**虫マニアの功罪1**
熊谷さとし、安田守（2010）『哺乳類のフィールドサイン観察ガイド』文一総合出版
青木淳一（2014）「ダニの世界——この豊かな生き物たち」Pest Control TOKYO 66: 5-11.
十島村（2004）「十島村昆虫保護条例」http://www.tokara.jp/reiki_int/reiki_honbun/q719RG00000383.html
東京都八丈ビジターセンター（2003）「昆虫採集と住民の悩み」『こっこめ通信』6
御蔵島村（2002）「御蔵島村自然保護条例」http://www.mikurasima.jp/data/reiki_int/reiki_honbun/g161RG000

00178.html
月刊むし編集部（2008）「21世紀の昆虫採集を考える」『月刊むし』455

4　カメムシ目

影なるスケーター

林正美（2015）「ババアメンボ」環境省編『レッドデータブック2014』
林正美（2015）「エサキアメンボ」環境省編『レッドデータブック2014』

ジャングルを行く飛翔物体

林正美（2015）「トゲアシアメンボ」環境省編『レッドデータブック2014』

疾風の水兵

林正美（2015）「サンゴアメンボ」環境省編『レッドデータブック2014』

苔の中の小さな乙女

石川忠（2015）「オドリコナガカメムシ」環境省編『レッドデータブック2014』

跳ねる海辺の砂

林正美（2015）「スナヨコバイ」環境省編『レッドデータブック2014』
紙谷聡志（2011）「日本産スナヨコバイの学名の訂正と九州からの記録」『Rostria』53

貝殻の生る木

井上広光（2015）「エノキカイガラキジラミ」環境省編『レッドデータブック2014』

河原の青き母心

林正美（2015）「シロヘリツチカメムシ」環境省編『レッドデータブック2014』

迷彩柄の死体愛好者

石川忠（2015）「ハリサシガメ」環境省編『レッドデータブック2014』

川底の小さな鍋蓋

林正美（2015）「トゲナベブタムシ」環境省編『レッドデータブック2014』

氣賀澤和男、林赳（２００８）「長野県駒ヶ根市内の河川の底生動物」『伊那谷自然史論集』9

**砂に遊ぶまん丸ズ**

林正美（２０１５）「エグリタマミズムシ」環境省編『レッドデータブック２０１４』

**水中サーカス団**

林正美（２０１５）「ホッケミズムシ、オオミズムシ、ナガミズムシ」環境省編『レッドデータブック２０１４』

## ５　ハチ目

**不格好な狙撃者**

Vilhelmsen, L., Isidoro, N., Romani, R., Basibuyuk, H. H., & Quicke, D. L. (2001). Host location and oviposition in a basal group of parasitic wasps: the subgenual organ, ovipositor apparatus and associated structures in the Orussidae (Hymenoptera, Insecta). Zoomorphology, 121 (2): 63-84.

多田内修（２０１５）「トサヤドリキバチ」環境省編『レッドデータブック２０１４』

**裏山に住む切り絵名人**

多田内修（２０１５）「クズハキリバチ」環境省編『レッドデータブック２０１４』

**カタツムリの殻に眠る**

多田内修（２０１５）「マイマイツツハナバチ」環境省編『レッドデータブック２０１４』

**高原の毛玉たち**

高村健二ほか（２００２）「地理的スケールにおける野生生物個体群の動態の解析１　メタ個体群解析手法による絶滅危険性の評価」『地理的スケールにおける生物多様性の動態と保全に関する研究』

多田内修（２０１５）「クロマルハナバチ」環境省編『レッドデータブック２０１４』

多田内修（２０１５）「ナガマルハナバチ、ウスリーマルハナバチ」環境省編『レッドデータブック２０１４』

Tokoro et al. (2010) Geographic variation in mitochondrial DNA of *Bombus ignitus* (Hymenoptera:Apidae). Applied Entomology and Zoology 45: 77-87.

**千里眼を持つ狩人**

多田内修（２０１５）「フクイアナバチ」環境省編『レッドデータブック２０１４』
**オケラハンター**
多田内修（２０１５）「アカオビケラトリ」環境省編『レッドデータブック２０１４』
**余所の家主になりかわる**
小松貴（２０１４）「長野県小谷村におけるミヤマアメイロケアリの記録」『蟻』36
多田内修（２０１５）「ミヤマアメイロケアリ」環境省編『レッドデータブック２０１４』
**幻のいばりんぼう**
Komatsu, T., Shimamoto, S. 2009. New knowledge concerning *Strongylognathus koreanus.* Ari 32: 1-3.
朝日奈正二郎（１９９１）「イバリアリ」環境庁編『日本の絶滅のおそれのある野生動物　無脊椎動物編』自然環境研究センター
**やがて去りゆく高原の思い出**
多田内修（２０１５）「ツノアカヤマアリ」環境省編『レッドデータブック２０１４』
丸山宗利（２０１５）「エゾアカヤマアリ」環境省編『レッドデータブック２０１４』
**予想もせぬ迫害の憂き目**
北海道環境生活部（２０１７）「特定外来生物「ヒアリ」に関するお知らせ」http://www.pref.hokkaido.lg.jp/ks/skn/hiari01.htm
**針山を背負うかぶき者**
丸山宗利（２０１５）「トゲアリ」環境省編『レッドデータブック２０１４』
**本当に希少種なのか**
多田内修（２０１５）「ヒメアギトアリ」環境省編『レッドデータブック２０１４』
Komatsu, T. 2009. New localities of two ant speices in the Nansei island, southeastern Japan. Ari 32: 5-7.
**子供の頃の悪友は今**
多田内修（２０１５）「ヤマトアシナガバチ」環境省編『レッドデータブック２０１４』

## 6　バッタ目とその仲間


### 鬼の住処に住む者
大原賢二（２０１５）「チュウジョウムシ」環境省編『レッドデータブック２０１４』
### 異人の町から現る者
山崎柄根、大原賢二（２０１５）「イシイムシ」環境省編『レッドデータブック２０１４』
### 行方知れずの憎まれ役
市川顕彦（２０１５）「ミヤコモリゴキブリ、エラブモリゴキブリ」環境省編『レッドデータブック２０１４』
### 流行に翻弄される虫
市川顕彦（２０１５）「リュウキュウハマコオロギ」環境省編『レッドデータブック２０１４』
### 草原で祈る巫女
市川顕彦（２０１５）「ウスバカマキリ」環境省編『レッドデータブック２０１４』
### 謎の空白地帯
市川顕彦（２００２）「直翅目の学名変更などについてⅡ」『Tettigonia』4
山崎柄根（２００６）「ヒメヒゲナガヒナバッタ」環境省編『改訂・日本の絶滅のおそれのある野生生物５　昆虫類』
自然環境研究センター


## 7　クモガタ類


### 生きた化石
新井浩司（２００１）「ヤクシマキムラグモの生態」『KISHIDAIA』81
菊屋奈良（１９９３）『キムラグモ――環節をもつ原始のクモ』八坂書房
谷川明男（２０１５）「日本産キムラグモ類の系統地理と分類」『生物科学』66
Haupt, J. 1977 Preliminary report on the mating behaviour of the primitive spider *Heptathela kimurai* (Kishida) (Araneae, Liphistomorphae). - Zeitschrift für Naturforschung 32: 312-314
小野展嗣編（２００９）『日本産クモ類』東海大学出版会

西川喜朗（2014）「オキナワキムラグモ（広義）、キムラグモ（広義）」環境省編『レッドデータブック2014――日本の絶滅のおそれのある野生生物　7その他無脊椎動物（クモ型類・甲殻類等）』ぎょうせい


**扉付きの穴倉で**

西川喜朗（2014）「キシノウエトタテグモ」環境省編『レッドデータブック2014――日本の絶滅のおそれのある野生生物　7その他無脊椎動物（クモ型類・甲殻類等）』ぎょうせい


**岩陰に張りつく指**

西川喜朗（2014）「キノボリトタテグモ」環境省編『レッドデータブック2014――日本の絶滅のおそれのある野生生物　7その他無脊椎動物（クモ型類・甲殻類等）』ぎょうせい
西川喜朗（2006）「キノボリトタテグモ」．環境省編『レッドデータブック2006――日本の絶滅のおそれのある野生生物　7その他無脊椎動物（クモ型類・甲殻類等）』ぎょうせい


**二枚扉のその奥で**

西川喜朗（2014）「カネコトタテグモ」環境省編『レッドデータブック2014――日本の絶滅のおそれのある野生生物　7その他無脊椎動物（クモ型類・甲殻類等）』ぎょうせい


**忘れられない思い出**

西川喜朗（2014）「ワスレナグモ」環境省編『レッドデータブック2014――日本の絶滅のおそれのある野生生物　7その他無脊椎動物（クモ型類・甲殻類等）』ぎょうせい


**富士の樹海に眠る**

西川喜朗（2014）「フジホラヒメグモ」環境省編『レッドデータブック2014――日本の絶滅のおそれのある野生生物　7その他無脊椎動物（クモ型類・甲殻類等）』ぎょうせい
加村隆英、入江照雄（2009）「ホラヒメグモ科」小野展嗣編『日本産クモ類』東海大学出版会


**本物の「タランチュラ」**

西川喜朗（2014）「イソコモリグモ」環境省編『レッドデータブック2014――日本の絶滅のおそれのある野生生物　7その他無脊椎動物（クモ型類・甲殻類等）』ぎょうせい


**うろつく夜の童子**

岸田久吉（1940）「ドウシグモとウチワグモに就て」『Acta Arachnologica』15
Komatsu, T. (2016) Diet and predatory behavior of the Asian ant-eating spider, *Asceua* (formerly *Doosia*) *japonica* (Araneae: *Zodariidae*). SpringerPlus 20165: 577 DOI: 10.1186/s40064-016-2234-1
西川喜朗（2014）「ドウシグモ」環境省編『レッドデータブック2014――日本の絶滅のおそれのある野生生物 7その他無脊椎動物（クモ型類・甲殻類等）』ぎょうせい

**海に沈む秘密基地**

西川喜朗（2014）「ヤマトウシオグモ」環境省編『レッドデータブック2014――日本の絶滅のおそれのある野生生物 7その他無脊椎動物（クモ型類・甲殻類等）』ぎょうせい

**メカニック座頭市**

鶴崎展巨（2014）「クメコシビロザトウムシ」環境省編『レッドデータブック2014――日本の絶滅のおそれのある野生生物 7その他無脊椎動物（クモ型類・甲殻類等）』ぎょうせい
下謝名松英、鶴崎展巨（2017）「オヒキコシビロザトウムシ」沖縄県編『改訂沖縄県の絶滅のおそれのある野生生物 第3版 動物編』
Suzuki, S. 1967. A remarkable new phalangodid, *Parabeloniscus nipponicus* (Phalangodidae, Opiliones, Arachnida) from Japan. Annotationes Zoologicae Japonenses, 40: 194-199.

**海辺の足ながおじさん**

鶴崎展巨（2014）「ヒトハリザトウムシ」環境省編『レッドデータブック2014――日本の絶滅のおそれのある野生生物 7その他無脊椎動物（クモ型類・甲殻類等）』ぎょうせい

**裏山のパンクファッション**

鶴崎展巨（2014）「ゴホントゲザトウムシ」環境省編『レッドデータブック2014――日本の絶滅のおそれのある野生生物 7その他無脊椎動物（クモ型類・甲殻類等）』ぎょうせい

**山の上の天狗様**

鶴崎展巨（2014）「テングザトウムシ」環境省編『レッドデータブック2014――日本の絶滅のおそれのある野生生物 7その他無脊椎動物（クモ型類・甲殻類等）』ぎょうせい

滝の裏側に挑む
鶴崎展巨（２０１４）「アカスベザトウムシ」環境省編『レッドデータブック２０１４――日本の絶滅のおそれのある野生生物　７その他無脊椎動物（クモ型類・甲殻類等）』ぎょうせい

８　多足類の仲間など

地底の白き龍
大野正男ほか（１９９１）「リュウオビヤスデ」環境庁編『日本の絶滅のおそれのある野生動物　無脊椎動物編』自然環境研究センター
高野光男（２０１４）「リュウオビヤスデ」環境省編『レッドデータブック２０１４――日本の絶滅のおそれのある野生生物　７その他無脊椎動物（クモ型類・甲殻類等）』ぎょうせい
Komatsu, T. 2015. New record of a Japanese troglobiontic millipede, *Epanerchodus acuticlivus*, from upper hypogean zone in eastern Shikoku. Edaphologia, 97: 43-45.
Murakami, Y. (1970). More new species of *Epanerchodus* (Diplopoda, Polydesmidae) found in limestone caves of eastern Shikoku, Japan. Annotationes zoologicae japonenses.

砂礫の中の蠟細工
布村昇（２０１４）「ホンドワラジムシ」環境省編『レッドデータブック２０１４――日本の絶滅のおそれのある野生生物　７その他無脊椎動物（クモ型類・甲殻類等）』ぎょうせい

ちくま新書
1317


絶滅《ぜつめつ》危惧《きぐ》の地味《じみ》な虫《むし》たち
——失《うしな》われる自然《しぜん》を求《もと》めて

二〇一八年三月一〇日　第一刷発行

著者　小松貴（こまつ・たかし）
発行者　山野浩一
発行所　株式会社筑摩書房
東京都台東区蔵前二-五-三　郵便番号一一一-八七五五
振替〇〇一六〇-八-四一二三
装幀者　間村俊一
印刷・製本　株式会社精興社


本書をコピー、スキャニング等の方法により無許諾で複製することは、法令に規定された場合を除いて禁止されています。請負業者等の第三者によるデジタル化は一切認められていませんので、ご注意ください。


乱丁・落丁本の場合は、左記宛にご送付ください。
送料小社負担でお取り替えいたします。
ご注文・お問い合わせも左記へお願いいたします。
〒三三一-八五〇七　さいたま市北区櫛引町二-六〇四
筑摩書房サービスセンター　電話〇四八-六五一-〇〇五三


© KOMATSU Takashi 2018 Printed in Japan


ISBN978-4-480-07126-2 C0245

## ちくま新書

1251
身近な自然の観察図鑑
盛口満
道ばたのタンポポ、公園のテントウムシ、台所の果物……身の回りの「自然」は発見の宝庫！　わかりやすい文章と精細なイラストで、散歩が楽しくなる一冊！

1157
身近な鳥の生活図鑑
三上修
愛らしいスズメ、情熱的な求愛をするハト、人間をも利用する賢いカラス……。町で見かける鳥たちの生活には、発見がたくさん。カラー口絵など図版を多数収録！

068
自然保護を問いなおす
――環境倫理とネットワーク
鬼頭秀一
「自然との共生」とは何か。欧米の環境思想の系譜をたどりつつ、世界遺産に指定された白神山地のブナ原生林を例に自然保護を鋭く問いなおす新しい環境問題入門。

584
日本の花〈カラー新書〉
柳宗民
日本の花はいささか地味ではあるけれど、しみじみとした美しさを漂わせている。健気で可憐な花々は、知れば知るほど面白い。育成のコツも指南する味わい深い観賞記。

1095
日本の樹木〈カラー新書〉
舘野正樹
暮らしの傍らでしずかに佇み、文化を支えてきた日本の樹木。生物学から生態学までをふまえ、ヒノキ、ブナ、ケヤキなど代表的な26種について楽しく学ぶ。

968
植物からの警告
湯浅浩史
いま、世界各地で生態系に大変化が生じている。植物と人間のいとなみの関わりを解説しながら、環境変動の実態を現場から報告する。ふしぎな植物のカラー写真満載。

1137
たたかう植物
――仁義なき生存戦略
稲垣栄洋
じっと動かない植物の世界。しかしそこにあるのは穏やかな癒しなどではない！　昆虫と病原菌と人間の仁義なきバトルに大接近！　多様な生存戦略に迫る。